LA SÉLECTION

DU

PLASMA SPÉCIFIQUE

ESQUISSE D'UNE THÉORIE

CYTOMÉCANIQUE ET CYTOCHIMIQUE DE LA VIE

LA SÉLECTION

DU

PLASMA SPÉCIFIQUE

ESQUISSE D'UNE THÉORIE

CYTOMÉCANIQUE ET CYTOCHIMIQUE DE LA VIE

PAR

Le Docteur L. LEGRAND

Lauréat de l'Académie de médecine

A. MALOINE ET FILS, ÉDITEURS

27, RUE DE L'ÉCOLE-DE-MÉDECINE, 27

PARIS 1916

LA

SÉLECTION DU PLASMA SPÉCIFIQUE

ESQUISSE D'UNE THÉORIE

CYTOMÉCANIQUE ET CYTOCHIMIQUE DE LA VIE

AVANT-PROPOS

La présente Etude est destinée à donner au public savant un aperçu condensé d'une Théorie mécanique et chimique de la vie, à laquelle les éditions ultérieures, sans changer notablement les idées directrices, devront apporter le supplément de documentation qu'un aussi vaste sujet réclame.

Cette documentation doit être multiple. Si légitime que soit la défiance inspirée au spécialiste par toute recherche d'ordre encyclopédique, c'est pourtant là le moyen d'assurer quelque solidité à un système biologique nouveau. Les phénomènes de la nature vivante se présentent à nous, en effet, comme un jeu de puzzle aux innombrables découpures, sans brouillage intentionnel préalable, comme sans arrangement préparatoire facilitant la tâche du chercheur : les éléments du jeu, mélangés et enchevêtrés, se trouvent découpés aussi bien dans les tablettes de la Physiologie que de la Chimie, que de l'Histologie, que de l'Embryologie, que de la Paléontologie. De plus, cette documentation, à l'heure actuelle, tant au point de vue de l'observation que de l'expérience, doit être suffisante pour entrevoir tout au moins les linéaments généraux de l'édifice : car si rien dans la nature visible n'est expressément disposé *ad usum hominis mentis*, rien n'est davantage arrangé pour égarer notre entendement.

Est-il croyable, à cette heure, en effet, que l'explication des principaux phénomènes de la vie tienne encore à une ou plusieurs expériences, même bien imaginées, bien exécutées ? En somme, avons-nous encore à mettre en balance, comme valeur explicative, ces résultats inattendus de l'avenir avec tout notre acquis scientifique actuel, dans lequel d'importantes portions sont presque achevées et ne nous réserveront plus de surprises sensationnelles ? Est-ce que toute notre Zoologie, notre Botanique, notre Histologie déjà si avancées, est-ce que notre Physiologie générale, notre Anatomie pathologique, notre Protistologie, où les grandes lacunes sont rares, est-ce que tout cela attend d'être bouleversé par quelque découverte de Physico-chimie biologique ou de Paléontologie, puisque celles-là sont encore, de nos sciences de la nature, les plus retardataires ?

Conjoncture très improbable. Si on persiste à tenir la vie pour incompréhensible à l'esprit de l'homme c'est peut-être simplement, comme on l'a dit naguère, « que nous ne savons pas interroger la Nature ou ne comprenons pas ses réponses ». Car si la grande majorité des matériaux n'est pas à pied d'œuvre actuellement, il faut désespérer qu'ils y soient jamais.

Mais s'il est encore permis de douter qu'une construction satisfaisante pour l'esprit soit possible actuellement avec l'apport documentaire de ces diverses disciplines, combien est-il plus aventureux, comme l'ont proclamé depuis longtemps Magendie, Cl. Bernard, et plus récemment Ch. Richet, de s'en tenir à cet égard aux ressources d'une seule d'entre elles, fût-elle aussi prépondérante qu'est de nos jours l'histologie ! Tout se passe en effet, comme s'il existait une doctrine de l' « anthropocentrisme des apparences morphologiques » au nom de laquelle on aime à penser que, si les apparences macroscopiques ne nous ont pas donné la clef des phénomènes biologiques, il reste que les descriptions microscopiques doivent la fournir ; et que, si les descriptions microscopiques ne suffisent pas, les détails ultramicroscopiques, eux, ne sauraient nous décevoir : et c'est ainsi qu'on a assisté, en divers domaines de l'histologie (système nerveux, hématologie) à une pluie d'explications données au nom de la vision colorée ou non.

Or, il pourra se rencontrer quelque jour une théorie d'une certaine solidité, qui souvent invoquera les données de la morphologie, parfois aussi les négligera et au besoin, quoique rarement, même les tiendra pour decevantes. Qui se fie à une apparence morphologique très précice, trop précise, risque un démenti ultérieur des faits qui ne tarde pas à survenir. Même remarque sur la difficulté de limiter la portée d'une expérience isolée : en matière de biologie, la généralisation est plus redoutable qu'ailleurs et les résultats de l'observation doivent servir de correctif permanent. Or, celui qui a passé des semaines ou des mois à organiser une expérience, qui, au prix d'un long voyage, a vérifié un point controversé, résiste mal à la tendance sinon à généraliser, du moins à faire déborder ses conclusions un peu au delà de l'objet découvert ou envisagé. Ce n'est pas sans un certain regret qu'il se convaincra que cette expérience n'est valable que pour une classe, une famille, une espèce peut-être (1), que sa loi d'extension est insaisissable : qu'il n'a en somme réussi qu'à déterminer un point sur une courbe parfois définie, hyperbolique ou parabolique, plus souvent encore indéfinie et qui reste tout entière à tracer.

Les lois biologiques ont pour caractère général de

1. On espéra un moment après les expériences de Nussbaum et Meisenheimer, montrant la régression de la callosité digitale des mâles de grenouilles, après castration, et leur réapparition après greffe d'un morceau de testicule, avoir saisi le déterminisme de la genèse des caractères sexuels secondaires : et voici que le même Meisenheimer, puis Oudemans, en opérant sur nombre d'insectes, même dès que la différenciation sexuelle est évidente, montrent le danger de cette généralisation, car ils n'obtiennent aucun résultat analogue.

Une expérience de H. Speman (1907) est plus troublante encore dans cet ordre d'idées : énucléant, à l'aiguille, le cristallin d'embryon de la grenouille verte, Speman observe que l'animal régénère cet organe au bout de peu de temps: or la même intervention avec la même technique, chez l'embryon de grenouille rousse n'est pas suivi de régénération. Comment après cela traiter avec sécurité de la régénération dans la série animale, alors que ces deux espèces ne sont guère plus éloignées apparemment l'une de l'autre que le cheval n'est du zèbre ?

n'avoir rien d'absolu : aucune d'elles ne se figure par une droite : mais pour chacune il faut d'abord établir le type de la courbe, et ensuite sur cette courbe donner sa place à chaque type vivant, à chaque organe, à chaque fonction pour lesquels on retrouvera si souvent toutes gradations entre zéro et l'infini : plus tard, il suffira des intersections de plusieurs de ces courbes irrégulières pour tenir lieu de définition.

Au surplus on sait assez combien la matière vivante directement attaquée, est rétive à l'expérience et rebelle à livrer au scalpel ou à la cornue l'intimité de son mécanisme. La théorie présente en rendra compte aisément. Un jour viendra peut-être où la formule chimique du protoplasma humain sera connue quantitativement et qualitativement, avec la position respective de chaque acide aminé dans la molécule, sans qu'on puisse ni en réaliser la synthèse ni en modifier si peu que ce soit la constitution : de même que nos astronomes seront toujours impuissants à modifier la vitesse, la direction du mouvement de la Terre, encore que ces données, comme le poids et la masse du globe, sont déjà établies avec une très suffisante approximation.

La Vie est un phénomène cosmique au même titre que ceux qui ont placé les Océans dans leur lit et soulevé les montagnes : mais phénomène, nous le savons, bien plus ancien et bien plus stable que ceux-là : combien de formes vivantes ont vu les continents disparaître ou les mers se dessécher, sans changer elles-mêmes de façon appréciable ! Il y a de ces espèces comme le Scorpion ou le Limule qui, au regard de la Face de la Terre lentement remaniée, gardent l'imperturbable fixité apparente de la plupart des Constellations.

*
* *

Quoi qu'il en soit, il est inévitable, qu'au temps présent, une Synthèse biologique soit pour une certaine part, une compilation : elle l'est déjà par l'utilisation de certains documents laissés par ailleurs dans une ombre imméritée : parmi eux vont se rencontrer quelqu'un de ces « faits dominateurs » à la poursuite desquels, dans un autre ordre de connaissances, Taine ne se lassait pas de convier les penseurs. Sans avoir rien découvert, on peut les faire sortir de leur isolement, leur donner une valeur inattendue dans un système. Ainsi de tous temps fut-il permis au glaneur de lier en une modeste gerbe les épis négligés par le moissonneur.

Cette compilation devient obligatoire quand il s'agit des idées et des systèmes antérieurs. Il est tout à fait inadmissible en effet qu'un Buffon, un Lamarck, un Darwin, un Spencer, un Loeb, un Gautier, un Delage, un Haeckel, un Weissmann, se soient trompés constamment en toutes leurs spéculations. De leurs œuvres il faut donc transposer des blocs entiers qui sont solides et définitifs. C'est surtout en cette matière qu'on peut répéter que tout est dit, pensé, supposé, soupçonné, et quelle que soit la doctrine qui aura créance dans un demi-siècle, il est

certain qu'eLe se réclamera partiellement de ces
grands noms et de beaucoup d'autres.

C'est dans cet esprit qu'on s'est efforcé, en maint
endroit, comme le demande G. Perrin, d'expliquer
« du visible compliqué par de l'invisible simple » et
de relier entre eux les principaux problèmes de la
Biologie, avec un minimum d'hypothèses : il n'y en
a même aucune ici qui soit absolument personnelle,
la richesse en cette matière des œuvres des devan-
ciers laissant peu de marge à l'originalité.

Toute imparfaite et condensée que cette étude se
présente on ne l'a pas cru indigne d'être dès maintenant proposée à la vivifiante critique des biologistes,
des philosophes, des médecins, des physiologistes,
tous héritiers spécialisés et mieux armés de ces
Curieux de la Nature, qui depuis tant de siècles ont,
sans se lasser, greffé, élagué, taillé, redressé l'Arbre
de Science ; et enfin de tous ces penseurs à qui s'est
étendue par avance, l'exclusive et précieuse approba-
tion de Pascal, « parce qu'ils cherchent en gémis-
sant ».

*
* *

C'est la simplicité et surtout la flexibilité de l'ensemble doctrinal, qui après tant d'essais si fameux
au cours du siècle écoulé, permettent encore à présent à une Théorie de la Vie de retenir l'intérêt, à
condition qu'elle rende compte d'une façon logique
des relations existant entre les quatre problèmes
fondamentaux de la Biologie, la Nutrition, la Repro-

duction, la Mort individuelle et l'Évolution phylétique ou permanence de la vie spécifique.

D'un bout à l'autre, le présent ouvrage s'attache à montrer les enchaînements nécessaires des unes et des autres et à répondre non seulement aux trois questions classiques où ? quand ? comment ? mais, même à la quatrième, à ce « Pourquoi? » qui d'ordinaire est prudemment banni des travaux de cet ordre, comme si les décourageants « ignoramus — ignorabimus — » d'une péroraison célèbre d'outre-Rhin, avait suffi à nous interdire pour l'avenir toute exploration dans ce vaste Désert de l'Inquiétude humaine.

Où ? Quand? Comment? Pourquoi la croissance, la persistance de la forme spécifique, la différenciation des tissus, la reproduction sexuelle, la mort inévitable de l'individu contrastant avec la pérennité de la vie ? On doit pouvoir répondre à tout si la vie a un sens dans l'évolution cosmique.

*
* *

Ce sens, on le verra à la lecture, c'est la Sélection du plasma spécifique.

Tous les Êtres vivants, Individus ou Espèces, en vivant, tant qu'ils vivent, parce qu'ils vivent et pour continuer de vivre, font inconsciemment et irrésistiblement, chacun suivant sa voie irréversible, la Sélection de leur plasma spécifique.

C'est ce que les divers chapitres de l'ouvrage vont exposer progressivement.

CHAPITRE PREMIER

LES PLASMAS FORMATIFS

1. *Plasmas et caractères spécifiques.* — Ce n'est pas faire preuve d'une grande hardiesse de pensée ni de propension au paradoxe que d'avancer en commençant que l'espèce n'existe pas. Il n'y a même là aucune nouveauté, puisque J.-J. Rousseau, encore que peu original biologiste, s'en avisait voici un siècle et demi, puisque Lamarck l'exprimait il y a cent ans dans une formule définitive, et que bien d'autres l'ont répété sans penser y baser une doctrine.

L'espèce n'a pas d'existence objective. C'est une construction, une classification de l'esprit humain, une « idola mentis » au même titre que le Vertébré ou le Cryptogame ou le Métalloïde. L'espèce en effet ne peut être limitée ni dans l'espace ni dans le temps. Dans l'espace, on saisit la difficulté de cette limitation pour les types à formes complexes, à variétés nombreuses, pour les «petites espèces», pour les hybrides. Dans le temps, on ne peut évidemment faire entrer en ligne de compte, comme facteurs matériels, ni les ancêtres disparus, ni les descendants à venir qui sont les uns et les autres de pures expressions verbales sans réalité physicochimique ou dynamique.

Si nous limitons l'espèce artificiellement nous sommes amenés à la définir àrbitrairement.

Ce qui existe matériellement, ce sur quoi on peut raisonner avec sécurité, ce sont des groupes d'êtres actuellement vivants qui ont entre eux deux qualités communes : l'une d'observation banale et qui jusqu'ici a seule servi aux classifications et aux spéculations biologiques, la forme corporelle ; l'autre à laquelle on commence à s'intéresser depuis quelques années seulement, beaucoup plus difficile à évaluer et à préciser, une *certaine similitude de composition physico-chimique des plasmas constituants.*

Mais de même qu'une observation extérieure superficielle de quelques représentants de ces groupes qu'on appelle espèces fait deux parts inégales des caractères morphologiques, la première étant cet ensemble très important de traits communs qui constitue la ressemblance spécifique dominante : de même divers biologistes ont été amenés à supposer que la composition chimique des organismes présenterait la même distinction et, dans les mêmes proportions relatives : *une énorme quantité d'un plasma commun, base physico-chimique des ressemblances qui sera le Plasma spécifique* (P. S.) et noyée en lui, presque insaisissable, mais réelle, une infime proportion de substances propres à l'individu envisagé, constituant ses *plasmas individuels* (P. I.).

Cette distinction a été faite dans les mêmes termes et il y a plus d'un quart de siècle par A. Gautier à la suite de ses remarquables découvertes de différences chimiques analysables entre certaines races de vignes : depuis elle a été reprise sous diverses formes par Dastre, le Dantec, Leduc, Loeb, Hallion, Benedikt, et autres, qui ont plutôt pressenti que prouvé la nécessité d'un substratum chimique à la forme des êtres vivants. Ch. Richet affirmait encore naguère dans un éloquent discours au Congrès de Vienne (1910) la nécessité de s'attacher aussi à la Physiologie des Individus, « car chacun de nous diffère des autres non seulement par sa mentalité, mais aussi par sa constitution chimique ».

On ne peut faire autre chose à cette heure qu'apporter quelques documents à l'appui de cette distinction que la logique impose d'autre part, car la chimie ne peut prétendre analyser les plasmas vivants, alors que la constitution des plus grosses molécules des plasmas morts lui échappe encore. Il est donc bien inutile d'attendre la connaissance de la formule du protoplasme de chaque espèce pour admettre qu'elle diffère des voisines ou même d'avoir recours aux arguments de comparaison avec les formes cristallines, qui sont, relativement à des corps de constitution infiniment plus simple, d'une spécificité non moins stricte, pourvu que l'ensemble des propriétés optiques soit mis en ligne de compte.

Voici quelques faits épars, plus ou moins connus qui viennent à l'appui de l'existence des plasmas spécifiques : on peut les ranger sous les quatre rubriques suivantes : analyses chimiques directes ; réactions biologiques expérimentales (hématologiques) ; greffe animale ; spécificité dans le parasitisme ;

2. *Analyses chimiques*. — L'analyse des oxyhémoglobines, substances peu compliquées relativement aux albumines spécifiques leur fait déjà attribuer des poids moléculaires spécifiques suffisamment divergents : chien, 16.077 ; cheval, 16.218; bœuf, 16.321 (Hüffner et Ganser). De même chaque espèce végétale fabrique, non pas une, mais plusieurs chlorophylles qui lui sont propres (Gautier et Etard).

Teneur très variable d'une espèce à une autre voisine, de certaines substances faciles à déceler, tel le fer : foie de lapin Fe 0,04 %.; foie de Hérisson Fe 0,80 % ; foie d'écureuil Fe 0,50 % (Zaleski, Lapique).

Mayer et Schœffer viennent de montrer que la teneur en eau de divers organes est remarquablement constante à 2 centièmes près pour une même espèce animale.

La spécificité est surtout rigoureuse pour les albumines et les sucres — elle l'est moins pour les graisses — Kossel l'a trouvée remarquablement précise dans l'analyse globale de sperme de différents poissons, qui paraissent constitués en majeure partie de bases organiques suivantes : nucleinate de salmine (Saumon), de sturine (Esturgeon), de scombrine (Hareng).

Chez presque chaque invertébré et même chez les infusoires il existe des pigments spécifiques (type Bonelline) dont l'isolement et la détermination sont à l'étude.

Enfin il est notoire que des cendres de composition différente sont fournies par des Algues d'espèce

différente végétant en même temps dans le même
bouillon.

3. *Réactions biologiques expérimentales.* — Les
rates de Bœuf et de Cheval sont capables de transformer l'adénine et la guanine en acide urique, tandis
que les mêmes organes du Porc et du Chien ne le
peuvent pas (Schittenhelm). Virchow a fait remarquer jadis que le Porc fait sa goutte à la guanine, non
à l'acide urique comme les autres Mammifères do-
mestiques.

Des protéiques de même nom, provenant d'espèces
différentes, sont, au point de vue quantitatif très voisins les uns des autres : ainsi en est-il des caséines,
hémoglobines, musculosines des Poissons et Mollusques et même du Bœuf et de la Chèvre, qui four-
nissent respectivement par hydrolyse à peu près les
mêmes quantités des mêmes acides aminés, mais *se
distinguent aisément par les réactions des précipitines
et de l'anaphylaxie.*

Achard et Flandin ont montré expérimentalement
que dans l'anaphylaxie active l'antigène est doué
d'une spécificité zoologique précise : ils sont portés
à croire que le complexe formé par le poison anaphy-
lactisant avec les lipoïdes de la substance nerveuse,
diffère suivant les espèces.

On sait que les produits excrétés par les Infusoires
en culture limitée, arrêtent au bout d'un certain
temps la croissance de ces Infusoires : or ces produits
excrétés par un Infusoire hypotriche (Stylonychia pus-
tulata, par exemple, ou un Paramœcium) sont toxiques

pour ces espèces-là seules et indifférents ou même favorables pour d'autres (L. Woodruff).

4. *Réactions hématologiques ou humorales.* — On connaît assez leur développement et leurs applications à la pathologie humaine et à la thérapeutique depuis une quinzaine d'années. L'action coagulante des coagulines contenues dans les érythrocytes des mammifères est nettement spécifique : elles font coaguler plus vite le sang de la même espèce (Chat, par exemple), que celui d'une autre espèce de la même classe (Chien ou Lapin) (Loeb et Fleischer). D'une façon générale, les lipoïdes des érythrocytes sont toxiques pour une autre espèce et inoffensives entre individus de même espèce.

Le sérum de Lapin traité avec du sang de Singes anthropoïdes donne un précipité avec le sérum de l'Homme (Wassermann, Schultze). Le sérum de Lapin préparé avec le sang de Rana Viridis précipite celui de Rana Fusca, mais non de Hyla Arborea (Rainette) ni celui du Crapaud.

On sait que Friedenthal obtint un précipité dans le sérum de l'Eléphant des Indes avec du sérum de Lapin préparé à l'extrait de chair de Mammouth.

Il y a ainsi des précipitines strictement limitées à l'espèce, d'autres plus compréhensives donnent un trouble avec les animaux du même genre ou du même ordre, même d'un groupe singulier qu'on croirait artificiel comme celui des Sauropsides (Morat et Doyon) (1).

1. Toutes réactions tendant à confirmer l'existence d' « Espèces biolo-

Enfin l'efficacité des antivenins, appropriés à chaque espèce de Serpent, même d'Araignée ou de Guêpe, est également commandée par la spécificité assez rigoureuse des venins.

5. *La spécificité et la greffe.* — Certaines expériences sur la greffe des tissus plaident dans le même sens : lorsqu'on transplante des ovaires d'une espèce sur une autre (Chat, Chien, Cobaye sur Lapin), ceux-ci dégénèrent dès la deuxième semaine : sur d'autres variétés de la même espèce, la greffe est durable (5 mois) et les jeunes follicules susceptibles de s'accroître (W. Schultz). La règle ne paraît pas différente chez certains Invertébrés ; le transplant des ovaires de la chenille de Lymantria dispar sur des chenilles castrées de L. japonica, réussit bien, car ils arrivent à maturité : sur des espèces plus éloignées comme Porthesia similis, les ovaires disparaissent (Meisenheimer.

6. *Spécificité de certains parasites.* — La spécificité de certains parasites, surtout des endoparasites qui vivent des humeurs de l'hôte est une preuve biologique de haute valeur : certains, comme les Tænias, parcourent un cycle vital compliqué qui nécessite à un moment donné la rencontre des deux hôtes d'espèce distincte : chez les Grégarines parasites, chaque porospora est spécifique vis-à-vis d'un Lamellibranche déterminé.

giques » ne cadrant pas toujours avec les espèces morphologiques et dont de Bary a soupçonné l'existence dès 1863.

Les Rouilles des céréales limitent leur parasitisme à une seule espèce ou à un petit nombre d'espèces voisines. Il y a plus : certaines formes parasitaires végétales sont exclusives non seulement à l'espèce, mais même au genre : Puccinia Hieracii présente une forme qui vit sur le sous-genre H. Pilosella, et une autre sur le sous-genre Euhieracium. Une telle spécialisation est favorable à l'idée de plasmas non seulement particuliers à l'espèce, mais à la variété, à la race, et le parasite y limite ses attaques.

7. *Plasma racial.* — De même l'expérience suivante peut être prise comme preuve de l'existence d'un plasma racial, distinct du plasma spécifique et des plasmas individuels, et qui correspond naturellement à la présence des caractères morphologiques de race ou de variété : on sait (depuis Abderhalden, Oppenheimer) que l'introduction « parentérale » (extra-digestive) d'albumines étrangères, par exemple d'ovalbumine, outre l'apparition des précipitines, permet de déceler dans le sang de l'injecté des diastases peptolytiques appropriées, capables de dédoubler le protéique injecté : or l'injection de sang de chien *de la même race* que le chien injecté ne provoque pas l'apparition de ces diastases peptolytiques nouvelles (Lambling).

8. *Plasmas individuels.* — Nous sommes ainsi amenés à nous rendre compte de l'existence des plasmas individuels encore plus inaccessibles à l'analyse chimique que les plasmas spécifiques et qui pourtant

sont certainement le substratum de ces particules odorantes, auxquelles les animaux osmatiques distinguent les individus, distinction qui chez eux égale en précision celle que les visuels ressentent devant la forme corporelle (1). Il y a néanmoins quelques chiffres à citer.

9. *Analyses chimiques* (2). — Variations individuelles de l' « indosé » urinaire révélant une formule urologique individuelle, comme il y a une formule hématologique par la numération des érythrocytes, leucocytes des divers types, etc.

Lapicque a trouvé dans une même portée de fœtus de chien que la teneur en Fer du foie varie de $0,11 \%$ à $0,70 \%$: chez les embryons humains, les fluctuations sont du même ordre de $0,10 \%$ à $0,55$.

10. Les *Réactions biologiques* ont ici une importance sans égale : on peut dire que toute la pathologie interne, toute la toxicologie ne font que paraphraser en des modulations illimitées les altérations du chimisme individuel : de même toutes les immunités et vaccinations, l'anaphylaxie après ingestion où injection d'une seule substance donnée en sont les illustrations journalières; les succès thérapeutiques des autovaccins, c'est-à-dire l'emploi pour

1. Darwin a depuis longtemps observé que Formica Rufa reconnaît individuellement ses congénères, probablement par l'odeur.

2. Les analyses de tissus végétaux fourniraient des chiffres encore plus divergents pour certaines substances: mais il est douteux quelles entrent dans la constitution des « plasmas vivants ».

l'immunisation d'un individu donné, de microbes extraits de ses propres humeurs (exemple : vaccination antistaphylococcique et antistreptococcique) est une réaction biologique de même signification et de précision qui ne laisse rien à désirer.

11. *Réactions hématologiques*. — Certains sérums sont hémolytiques pour tous les globules étrangers y compris ceux des individus de la même espèce (sérums isohémolytiques). On sait que chez l'homme la transfusion du sang est d'autant moins nocive que la parenté est plus proche.

12. *Greffe*. — De même pour les greffes cutanées.

Carrel vient de remettre ces questions au premier plan de l'actualité, montrant qu'en règle une greffe d'organes quelconques n'est conciliable avec sa survie que lorsque l'organe est replacé sur l'individu même auquel il fut amputé : et la réussite des greffes d'ovaires entre Brebis sœurs ou parentes (Voronoff) montre encore que la plus étroite affinité familiale a toujours un substratum d'ordre chimique.

Une expérience de greffe autoplastique de Leo Lœb plaide dans le même sens : si un fragment pigmenté de peau de Cobaye est transplanté sur le même animal au niveau d'une plage blanche, on voit les cellules pigmentées émigrer dans la peau ambiante; au contraire, dans la greffe « homœoplastique » (sur un autre Cobaye) laquelle réussit rarement, on voit les cellules pigmentées devenir de plus en plus pâles et perdre leur vitalité.

Il serait oiseux d'insister sur une pareille démonstration : personne ne se lève contre des vérités premières aussi limpides, puisque chaque individu tout en appartenant à une espèce et tenant beaucoup d'elle a aussi quelque chose à soi, acquis pendant sa vie personnelle, et que cet acquis a forcément une base matérielle, chimique, si on veut.

13. *Plasmas fixés ou non fixés.* — Ces caractères morphologiques et ces plasmas qui les déterminent doivent encore être envisagés à un autre point de vue : celui de leur permanence ou de leur fixité. *Tous ces caractères et plasmas par quoi les êtres se ressemblent, constituant ainsi un faisceau bien délimité et que nous ne voyons jamais changer d'une génération à l'autre, ni d'un individu de la même espèce à l'autre, méritent aussi le nom de caractères et plasmas fixés* (P. S. ou P. F.) ; comme aussi les caractères et plasmas de l'individu, fugaces, variables, tantôt héréditaires, tantôt non transmis, méritent par contre le nom de caractères et *plasmas non fixés* (P. N. F.).

Tels sont les deux termes extrêmes entre lesquels s'intercalent les types intermédiaires suivants, avec cette réserve que le terme « intermédiaire » n'est pas exact au sens biologique, car *si un caractère peut être latent ou manifesté, un plasma doit être fixé ou non fixé.* Nous verrons à la fin à quoi et comment.

Or, l'analyse des caractères héréditaires, vieille comme l'humanité observatrice et pensante, nous montre que les P. N. F. sont de trois types, aussi, par ordre d'importance morphogénétique :

1) Les Plasmas ou caractères de Variété ou de Race, Plasmas Raciaux P. R. Par exemple, dans l'espèce humaine les caractères de taille, les indices céphaliques, la couleur de la peau, du poil, de l'iris, etc. Suivant la race des géniteurs, on aura les P. R. d'origine mâle côté paternel (P. R. M.) et les plasmas raciaux d'origine femelle (P. R. F.), plamas identiques si les géniteurs sont de même race.

2) Plasmas ou caractères individuels des parents immédiats (P. I.), plasmas individuel du mâle P. I. M., de la femelle P. I. F.

3) Enfin, assez rarement transmis (mais d'autant plus intéressante est la recherche du mécanisme de cette transmission) sont les caractères et plasmas ancestraux ou ataviques (P. At.) qui tiennent tantôt de la lignée mâle P. At. M. tantôt de la lignée femelle P. At. F.

Tels sont, en dehors du P. S. les plasmas qui, avec diverses nuances intermédiaires, doivent constituer tout organisme vivant et d'origine sexuée.

14. *Localisation des Plasmas formatifs dans les organismes.* — La difficulté semble commencer quand il s'agit de localiser les plasmas fixés et non fixés, les uns par rapport aux autres dans les organismes. Sont-ils mélangés intimement et diffus ? Sont-ils tantôt séparés, tantôt mélangés ? Sont-ils le propre de tel ou tel tissu ? Existent-ils à l'état pur ou sont-ils l'un ou l'autre absents de tel ou tel organe ? Bien édifiés que nous sommes sur l'impuissance de la chimie actuelle à nous renseigner, nous devons

nous rabattre sur les données de l'histologie et les interpréter : la réponse va nous être rapidement imposée par une observation de l'ordre le plus précis et le plus général.

Premier point. Ces deux plasmas P. S. et P. N. F., existent nécessairement (par définition, pourrait-on dire) chez tout être vivant, animal ou végétal. Or quel tissu est commun à tous les êtres vivants? Quel organe se rencontre chez tous les polyplastides ? La réponse est facile : il n'existe pas d'organe, ni de tissu commun à tous les polyplastides. *Les polyplastides, animaux et végétaux, n'ont qu'un élément commun à tous, universel, c'est la cellule.* Tous sont constitués de cellules. La constitution cellulaire et rien autre chose est la caractéristique uniforme et ubiquiste du monde vivant tout entier.

C'est donc dans la cellule que nous devons rechercher l'emplacement réciproque des deux plasmas formatifs.

Imaginons à présent une sphère de petites dimensions et composée de deux substances liquides ou semi-liquides, substance F et substance N, très semblables l'une à l'autre comme constitution chimique, mais non identiques ; de densité très voisine, et se différenciant principalement par le caractère suivant (d'ailleurs imposé par définition), *c'est qu'elles ne sont pas miscibles l'une à l'autre.*

Ajoutons que ces masses plastiques, ayant un certain degré d'attraction ou affinité l'une pour l'autre, s'accommodent réciproquement soit par mouvements actifs, soit par suite d'impulsions extérieures, de façon à réaliser entre elles la plus grande surface possible de contacts.

D'autre part, si la masse F est supérieure comme volume à la masse N et si la première a été une fois enveloppante par rapport à la seconde, F qui est la plus grosse masse, restera périphérique par rapport à N; et même si on accorde à N des mouvements actifs de durée limitée, lui permettant de se dégager de la masse ambiante pour un instant, comme on doit en même temps accorder aux deux masses en présence des adhérences partielles indissolubles entre elles et entre leurs molécules respectives, il en résulte qu'une fois le mouvement terminé, la position réciproque décrite plus haut (F enveloppant N) sera de nouveau réalisée.

Tels nous apparaissent réellement les cytoplasmes et les noyaux, dans les Métazoaires et les tissus des végétaux polycellulaires.

Mais on peut également imaginer un autre type des rapports réciproques des cytoplasmes et des noyaux : car si la prédominance massique vient à appartenir à N, à la substance nucléaire, non fixée, ceux-ci à leur tour envelopperont les plasmas fixés ou se mélangeront à eux suivant les proportions les plus variées.

De toute façon c'est un dilemne biologique dont on ne peut sortir que dans le sens indiqué : chez les Polyplastides, le volume prépondérant du cytoplasme nous oblige à l'identifier avec les plasmas fixés (d'ailleurs son aspect homogène, hyalin et sa faible affinité pour les colorants sont d'autres preuves du bien fondé de cette identification); et le noyau intérieur, de masse moindre et très colorable, comme ayant quantité d'affinités non satisfaites, ce noyau représente les plasmas non fixés de toute nature et spécialement les plasmas individuels qui doivent y être prépondérants.

C'est à peu près de cette façon du reste, que Frenzel a, voici une trentaine d'années, envisagé les rapports du cytoplasme et du noyau (1886).

15. *Les plasmas formatifs chez les Protozoaires.* — Chez les Protozoaires, la considération de tissu et d'organe est hors de cause ; on n'a à envisager qu'une simple cellule, et cependant la notion d'Espèce et d'Individu persiste évidemment jusqu'aux extrêmes limites de la visibilité, en conservant, suivant toute vraisemblance, la même corrélation entre la composition physico-chimique et la morphologie que celle admise pour les polyplastides.

D'une façon générale, chez les Protozoaires inférieurs, il est constant que la flexibilité biologique et la variabilité morphologique sont beaucoup plus accentuées que chez les êtres plus élevés en organisation et les métazoaires : toute la bactériologie est là pour en témoigner : les microbes modifient aisément leurs formes, leurs dimensions, leurs réactions colorantes et biologiques avec les milieux, et ce, d'une façon habituellement passagère, mais parfois définitive. Chez les Levures même, plus élevées en organisation, Hansen a obtenu des races de Levures asporogènes qui conservèrent, sans retour à la forme primitive, ce caractère pendant plus de seize ans.

Néanmoins, à s'en tenir aux types moyens des uns et des autres, la notion des spécificité reste ferme et stable, à condition de ne pas s'en rapporter, comme critérium, à la seule considération de la forme, laquelle, comme on sait, suffit exclusivement aux classifications des êtres multicellulaires. L'identification spécifique des microbes réclame en outre l'étude de leur mode de groupement, de leurs réactions colorantes, chimiques ou biologiques et l'aspect microscopique des cultures. On peut, de cette inconstance de la morphologie des Protozoaires donner deux explications : ou bien la forme spécifique y est, quoique multiple, aussi rigoureuse comme fixité que chez les Métazoaires ; ou bien, ce qui est plus probable, ce polymorphisme extérieur, n'est que le signe, la traduction en langage biologique, de l'extrême variété des plasmas constitutifs, c'est-à-dire de l'abondance ou de la prédominance des Plasmas de variation (ou non fixés) sur les Plasmas fixés ou Spécifiques (1).

En effet, si on considère les Protozoaires les plus inférieurs, les plus simples, les plus petits, probable-

1. Les chimistes ont vérifié cette variabilité en ce qui concerne les levures : car les auteurs donnent des résultats assez différents de leurs analyses (pour une même espèce, mais en milieux différents) sur les proportions de C, H, O, Az, S. L'inconstance de ces résultats se retrouve encore dans l'analyse des cendres et des sels (Guillermond). Cette variabilité serait rendue plus éclatante par comparaison, si on la rapportait à un poids de levure équivalent en importance celui d'un métazoaire, chez qui la proportion de ces éléments primordiaux offre au contraire une stabilité très remarquable.

ment les plus primitifs, à la limite de la visibilité instrumentale, tel que le parasite de la Peripneumonie du Bœuf (Bordet, Borrel), on y observe un polymorphisme étourdissant : toutes les figures possibles s'y rencontrent : cocci, rosaces, haltères, fuseaux, étoiles, amibes, chapelets, filaments, bâtonnets, raquettes, témoignent que la forme spécifique est encore mal fixée, est en formation, en gestation, à l'état de devenir : ou encore, ce qui revient au même, que les plasmas de variation l'emportent en pouvoir morphogène sur les premiers. Et il ne s'agit pas là d'un cas isolé, encore qu'il soit très accentué : mais la description, dans le champ du microscope d'un amas de Levures quelconques, d'espèce donnée, à l'état végétatif, nous offrira les mêmes différences individuelles en ce qui concerne la forme, la grosseur, le mode de bourgeonnement. Si on ensemence sur un milieu nutritif une seule cellule de Levure, on constate dans la culture une fois développée, de grandes différences entre les cellules issues de cette unique levure ; et cela même dans les types remarquables pour leur uniformité relative comme « Saccharomyces cerevisiae » : ceux-ci varient depuis la sphère parfaite jusqu'au boudin, en passant par les divers types de l'ovale : même différences dans leurs dimensions relatives.

Or il est remarquable que cet essai de discrimination de la position réciproque des deux Plasmas chez les Protozoaires coïncide avec un débat qui dure encore, entre bactériologistes, sur la proportion relative du cytoplasme et de la substance nucléaire dans chacune de ces cellules isolées. On sait que les trois opinions imaginables ont été soutenues : tantôt Massart, A. Fischer décrivent les Bactéries comme des cellules sans noyau, alors que Bütschli affirme que le microbe est tout noyau et Weigert que noyau et cytoplasme y sont intimement confondus: mais personne n'avance qu'ils ne sont composés que de cytoplasme. Et il existe en fait tous les intermédiaires entre un type comme « Bacillus maximus Buccalis » avec son noyau spiralé nettement isolé, entre les Trypanosomes avec leur noyau médian en ruban ondulant, et la série sans cesse accrue des microbes à la limite de la visibilité où la distinction des deux substances est impossible.

On est ainsi amené à admettre que la prédominance des R. N. F. sur les P. S. est la règle chez les types les plus inférieurs d'êtres vivants : chez les Métazoaires, au contraire, l'inverse est constant, comme la morphologie spécifique corporelle en témoigne à chaque instant, celle-ci n'étant que la résultante, par millions et milliards, de la constitution individuelle de chacune de leurs cellules.

16. *Différences physico-chimiques entre les Nucléines et les Cytoplasmes.* — En dépit de très nombreuses analyses des chimistes on ne peut faire état de différences constantes et tranchées entre ces deux substances. Les nucléines ou chromatines en raison de leurs remarquables aptitudes à fixer les matières colorantes doivent présenter une grande proportion de « valences libres », ou, suivant la terminologie

d'Ehrlich, de « groupements haptophores ». A. Gautier a bien montré la prédilection de certaines nucléines pour P, As., I, mais les distinctions chimiques qu'on a espéré établir entre les deux substances depuis la découverte des nucléines par Miescher (1869) n'ont qu'une valeur relative, puisque Hoppe Seyler a pu écrire depuis que « tous les cytoplasmes ont leurs vitellines », substances très proches des nucléines et dans lesquelles elles sont propablement appelées à se transformer (Tichomiroff).

La différence est plutôt d'ordre physique : on a posé au début le postulat de la *non miscibilité physiologique* (en dépit de certaines apparences optiques à l'état vivant) ; on doit en rapprocher cette constatation faite par Loeb, par José Carraccido, de l'inversion des signes de leurs charges électriques respectives.

Il ne faut donc pas trop opposer l'une à l'autre, au point de vue chimique, les deux substances en question : et la membrane nucléaire loin d'être toujours une séparation, apparaît souvent comme un « rendez-vous et un entre-croisement des réseaux plastiniens du cytoplasme et du noyau » (Prenant, Carnoy, Kolliker).

CHAPITRE II

SIGNIFICATION DES GAMÈTES

17. *Les deux Plasmas et les Gamètes.* — L'existence des deux Plasmas étant ainsi mise en valeur et la nécessité de leur correspondance avec les éléments constituants de toute cellule somatique étant établie, il faut maintenant se rendre compte en quoi sont désormais simplifiés les abords du Problème de l'Hérédité. Plus tard on verra à expliquer la transmission certaine et constante des caractères, c'est-à-dire des plasmas fixés, et la transmission incertaine et inconstante des caractères et plasmas non fixés, individuels ou acquis. La reproduction sexuelle étant la règle très générale des êtres vivants et en particulier des types supérieurs nous occupera seule dans le présent ouvrage. C'est dans cet esprit que nous allons utiliser les données positives courantes, sur les éléments sexuels, les gamètes, qui sont les supports matériels des caractères héréditaires.

La plupart des Métazoaires présentent, comme on sait, une distinction très nette et aussi ancienne que les études microscopiques entre les deux gamètes : l'un, le mâle, très petit, mobile, souvent filiforme ; l'autre immobile, sphéroïdal, d'un volume constam-

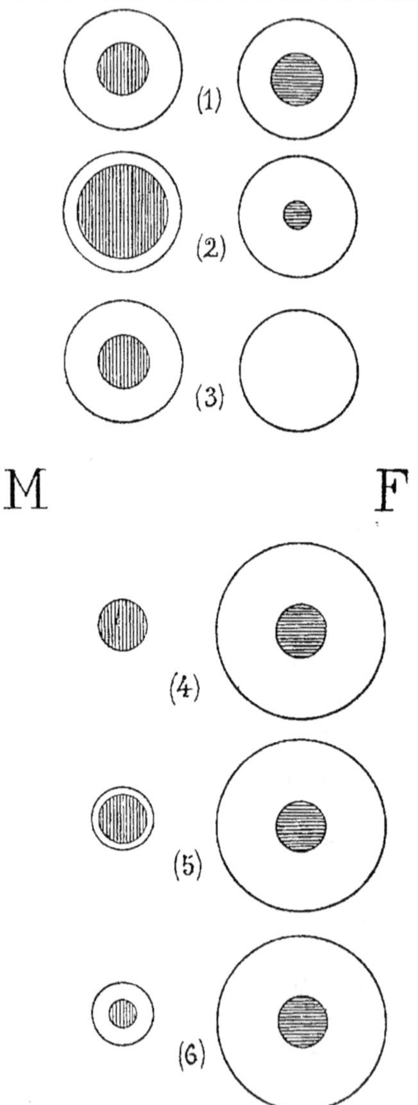

Fig. 1. — Diverses combinaisons possibles des plasmas et des gamètes.

ment supérieur, parfois énormément supérieur à celui du mâle. D'autre part, les faits d'observation quotidienne, et reconnus exacts au point de passer pour des axiomes biologiques (tout au moins chez les animaux supérieurs) nous prouvent l'équivalence, ou, comme dit Weissmann, « l'homodynamie » des gamètes, leur part égale dans la constitution du rejeton, dans les limites des oscillations inhérentes à tout fait biologique et négligeables avec les grands nombres.

Or, au point de vue de la signification de chaque gamète dans la transmission héréditaire, on peut imaginer un nombre limité de possibilités d'après les combinaisons de P. F. et P. N. F. avec M. et F. (des plasmas spécifiques ou non avec les gamètes mâle ou femelle) : et ces possibilités sont elles-mêmes réduites puisque, de convention, le gamète le plus volumineux est nécessairement femelle (1).

Reste maintenant à mettre en lumière les faits tirés de l'observation ou de l'expérimentation qui permettront de décider pour la répartition des deux plasmas entre les gamètes et d'évaluer la probabilité d'existence réelle dans le monde vivant d'un ou de plusieurs des six types ici imaginés. (Fig. 1.)

---

1. Les schémas ci-contre gardent leur valeur, qui est d'ordre logique, pour toute la gamme, si étendue qu'elle semble, de la sexualité dans le monde vivant : que certains insectes, les punaises « Pyrrhocoris apterus » (Henking) ou « Lygaeus Turcicus » (Wilson), aient deux types de spermatozoïdes, dualité paraissant en rapport avec la détermination du sexe, cela n'empêche pas chaque type de correspondre avec une des figures de la colonne M, puisque tous les intermédiaires y sont prévus.

18. *Particularités utilisables de la morphologie du gamète mâle.* — La forme des gamètes mâles, des spermatozoïdes est partout caractéristique. Depuis Loewenhoeck, elle n'a cessé d'intriguer les curieux de la nature. En faisant un choix de ces animalcules appartenant à des espèces animales différentes, on se convainc que chaque type spécifique présente une forme de gamète mâle déterminée et que c'est peut-être même la seule cellule, dans l'organisme entier, qui offre au microscope une figure si précise. Autrement dit, s'il est ordinairement impossible à l'histologiste de distinguer l'une de l'autre des cellules somatiques isolées provenant d'animaux très voisins dans la systématique (foie, rate, épithéliums, globules sanguins) comme le Rat et le Cobaye, il reconnaîtra parfaitement le spermatozoïde falciforme avec queue helicoïdale du Rat d'avec le spermatozoïde à tête large en cerf-volant, du Cobaye (animaux du même ordre) ; ou encore le spermatozoïde du Homard en forme de lanterne tripodique d'avec celui de l'Ecrevisse, lequel figure une sorte de potiron discoïdal armé d'une vingtaine d'épines équatoriales. On constatera également plus de différences entre la forme générale du spermatozoïde de la Couleuvre et celui de la Vipère qu'entre ces deux Serpents eux-mêmes ; ou entre celui de la Grenouille verte et celui de la Grenouille rousse, Batraciens si semblables, couleur à part, à l'état d'animal parfait. L'énumération de ces antinomies morphologiques pourrait se poursuivre encore. Pourquoi de volumineux animaux ont-ils de si petits spermatozoïdes,

alors que d'infimes Invertébrés en produisent de si
volumineux ? pourquoi même certaines ressemblances de taille et de forme entre des spermatozoïdes appartenant à des animaux très éloignés dans
la systématique ? Ces considérations ébranlent déjà
la croyance que cet élément histologique soit partout
comme le véhicule allégé, épuré, de la forme spécifique. Car si le plus grand nombre des gamètes mâles
se laissent ranger en raison de leur figure et de leur
grandeur par groupes approximativement superpo-
sables aux groupes zoologiques dont l'animal dépend (1), une intéressante minorité présente des
caractères paradoxaux, soit que leur forme s'éloigne
notablement de celle des spermatozoïdes d'espèces
très voisines, soit qu'elle offre une certaine similitude
avec ceux d'espèces très éloignées, soit qu'elle com-
porte certaines complications structurales et même
ornementales inattendues pour des cellules d'animaux inférieurs (spermatozoïdes de certains Vers et
Mollusques).

Au premier coup d'œil, on ne saurait affirmer avec
sécurité que celui-ci est un spermatozoïde de Mammifère ou de Poisson, ou de Mollusque ou d'Arthro-
pode. Ainsi le spermatozoïde du Triton (Batracien) est
pourvu d'une élégante membrane ondulante comme
ceux de beaucoup d'Insectes lamellicornes ou comme

_____

1. Ainsi Retzius a récemment signalé les ressemblances mélangées de
différences qui caractérisent respectivement les spermatozoïdes de l'Homme,
du Chimpanzé et de l'Orang : des caractères secondaires seuls les distinguent, comme le nombre des tours de spire du segment intermédiaire,
l'aplatissement de la tête, ou la longueur de la queue.

ceux de la plupart des Gallinacés. « Le spermatozoïde, dit Caullery, n'est pas la réduction de l'animal qui le produit et ressemble parfois étonnamment à ceux d'animaux éloignés. » Il est remarquable que depuis plus de deux siècles qu'on fait des classifications personne n'ait tenté de prendre comme base la forme des gamètes soit végétaux, soit animaux, malgré l'importance probable de ces organites dans la vie spécifique comme si on avait le sentiment qu'ils sont des guides trompeurs en matière de systématique (1).

Est-il croyable, par exemple, que le spermatozoïde à tête fusiforme avec rostre, pièce intermédiaire spiralée, longue de dix fois la tête, de « Coluber natrix », aie la même valeur cytologique et biologique que le spermatozoïde de l'espèce voisine « Anguis fragilis » à tête filiforme très allongée, avec deux pôles chromatiques (ou centrosomes ?) sans pièce intermédiaire perceptible, et de dimensions totales moitié moindres que celles de « Coluber » ?

Très éloigné de ces deux types apparaît aussi le spermatozoïde de Vipera berus, lequel est assez grand, avec une volumineuse pièce intermédiaire pourvue d'un étrange appendice protoplasmique.

Ainsi peut-on soupçonner dès à présent *qu'il n'y a pas de corrélation constante entre la forme spécifique et la forme des gamètes mâles;* et qu'un spermatozoïde d'une espèce donnée *peut n'être pas au*

---

1. Les mêmes divergences se manifestent dans la forme du pollen des végétaux : Bateson a même signalé deux formes distinctes de grains de pollen entre deux variétés de la même espèce de Pois de senteur : arrondis dans la variété Henderson, allongés dans la variété Blanche Burpee.

point de vue du potentiel héréditaire véhicule des mêmes plasmas ni des mêmes caractères que celui d'une espèce très voisine. On va voir, par l'aperçu qui va suivre de la morphogénèse du spermatozoïde, qu'il est possible de serrer de plus près encore l'énigme de sa constitution.

Un aperçu de la spermatogénèse

Les phases de la spermatogénèse sont assez connues aujourd'hui et en particulier bien étudiées chez les mammifères. On peut prendre comme guide l'excellente et minutieuse description qu'en donne Meves chez le Cobaye. Elle se résume de la façon suivante :

Des cellules somatiques d'apparence épithéliale, sans particularité notable à cet état, se segmentent à plusieurs reprises pour donner des spermatocytes ; ceux-ci se segmentent à leur tour pour aboutir aux spermatides. A chaque segmentation, les éléments néoformés voient diminuer leur matériel cytoplasmique, de sorte que la proportion de substance chromatique paraît s'accroître relativement : mais son accroissement absolu n'est nullement évident.

Or, ces réductions successives ont lieu, ne l'oublions pas, pendant la descente progressive de ces éléments le long des tubes séminipares, pendant qu'ils traversent en somme une sorte de *filière gamétogénétique* de longueur, de flexuosité et d'étroitesse très variables suivant les types animaux. Les cellules sexuelles, ainsi poussées vers l'extrémité de cette filière par la pression viscérale, par la *vis a tergo*, par

l'action des fibres musculaires propres aux tubes
seminipares, par leurs mouvements autonomes, évoluent ce faisant vers le type spermatozoïde définitif
et parfait, tout en s'allégeant, pendant la descente
d'une partie plus ou moins considérable de leur cytoplasme, dont certains fragments sont évidemment
les premiers exposés à rester en route. A travers
cette filière histologique, la spermatide est modelée,
allongée, étirée, affinée : au début, sa forme est seulement ovalaire et le cytoplasme est reporté à l'amont
du courant d'évacuation ; puis la substance chromatique devient franchement excentrique et comme pro-
pulsive, les détails du spermatozoïde en formation
s'accusent ; on voit naître le cône céphalique, la man-
chette caudale : le cytoplasme paraît à la fin comme
embroché par la queue spermatique et reste un certain temps appendu à la pièce intermédiaire ; dans
un dernier stade, ce résidu cytoplasmique déformé,
aplati, se détache du filament spermatique qui
acquiert et garde dès lors sa forme définitive.

A suivre de telles coupes en série, et à tenir compte
des aspects cellulaires successifs, on croit voir un
animalcule vermiforme, vif et agile, se dépouillant
petit à petit d'un masse étrangère qui l'emprisonne,
puis la traînant un moment derrière soi et faisant
comme des efforts pour s'en débarrasser : ce à quoi
il réussit, dans l'exemple actuel tout au moins. Ce
résultat semble au premier coup d'œil attribuable à
l'activité propre du zoosperme ; mais il n'est pas douteux que sa forme définitive résulte pour une part,
d'un modelage passif à travers une filière constituée

de telle ou telle façon, ayant telle ou telle longueur, telles strictures, suivant les espèces. D'où cette conclusion formelle que le spermatozoïde est constitué comme il peut, emporte avec lui *ce qu'il peut*. On peut appliquer sans réserve à sa genèse cette formule antipodique des expertises finalistes, dans laquelle M. Delage a bien résumé la précarité des processus biologiques.

Ainsi, qu'on ne s'étonne pas si, à côté des spermatozoïdes minuscules qui paraissent allégés de tout fardeau cytoplasmique, comme ceux de l'Homme, du Cheval, il s'en trouve dans la série animale, et en très grand nombre, qui ont évidemment conservé, plus ou moins adhérent, une partie plus ou moins notable du matériel cytoplasmique. Citons au hasard, sans souci de la systématique : Triton marmoratus, Scolopendra, certains Crapauds, Paludina Vivipara et Helix Nemoralis ; Ascaris Megalocephala ; parmi les mammifères, le Kangourou. Le Scolopendre et la Paludine ont deux types de spermatozoïdes, l'un avec abondance de cytoplasme, l'autre plus allégé.

Ce qui est frappant et suggestif, c'est le nombre considérable de zoospermes à prolongement caudal hélécoïdal, en vrille et en tirebouchon : les finalistes n'ont pas manqué d'admirer la forme de cette tarière vivante si bien appropriée à la pénétration dans l'œuf. Il s'agit seulement d'une torsion déterminée par le serrage dans le parcours spermatogénétique, résultat purement mécanique de deux mouvements contemporains de progression et de rotation, mouvements imprimés à la substance la plus malléable qu^i soit, le protoplasma.

La mécanique démontre qu'il doit en résulter un ruban spiralé : tel l'exemple macroscopique bien connu des coprolithes rubanés des Énaliosauriens, moulés jadis à travers leur intestin valvulaire. Le spermatozoïde d'Helix nemoralis est tout à fait typique à cet égard ; il paraît avoir conservé la majeure partie de son cytoplasme, qui s'enroule élégamment en une tresse tirebouchonnée d'une longueur extraordinaire. Au surplus, pourquoi dans certaines espèces y aurait-il besoin d'une vrille pour perforer l'ovule alors que d'autres types, tel l'Ascaris ont pour spermatozoïdes de simples cellules sans forme définie, quasi-amiboïdes ? A un fort grossissement et après action de certains réactifs, la pièce intermédiaire se montre hélicoïdale dans un certain nombre de types (Mus decumanus, Coluber Natrix), où elle ne paraissait pas telle au premier examen.

On peut dès à présent, ces faits mis en lumière, concevoir que tout une gamme pourra être réalisée, suivant la proportion de Plasma spécifique que le gamète mâle pourra conserver avec soi : un spermatozoïde qui a peu de lignées séminales préparatoires, un court trajet à parcourir, une pression somatique insignifiante à supporter, aboutira à des gamètes mâles volumineux, abondamment engraissés de cytoplasme : ce qui est le cas de beaucoup d'animaux inférieurs de petit volume.

Celui, au contraire, qui aura subi des divisions réductrices espacées et accomplies ; qui aura pu s'alléger dans sa constitution par un séjour prolongé dans les voies génitales histologiques, par le frottement, les actions mécaniques diverses, et par exemple chez les mammifères, par la compression si marquée qui doit résulter de la présence d'une albuginée (1) ; un tel spermatozoïde se rapprochera plus ou moins des types prévus aux schémas 3, 4 ou 5. Il n'emportera avec soi aucun ou presque aucun caractère spécifique, aucun ou presque aucun plasma fixé : si le principe de la division du travail peut être ici invoqué sans réserve, ce sera un type limite, en quelque sorte un gamète mâle perfectionné.

Telles sont les déductions qu'autorise l'observation microscopique. On va voir que l'expérience n'est pas davantage favorable à l'apport habituel de caractères spécifiques par les gamètes mâles.

C'est ce qui ressort par exemple des tentatives d'hybridation de Godlewski (1906) : car en fécondant par des spermatozoïdes de Comatules (Crinoïdes) des œufs d'Oursins nucléés ou énucléés il obtint constamment des plutéi d'Oursin.

Loeb, puis Kupelwieser, fécondant des œufs d'Oursin par du sperme d'Ophiure, de Mytilus, de Chlorostoma, obtint aussi constamment des larves d'Oursins typiques : les embryons ainsi obtenus n'ont du reste pas été suivis jusqu'à l'âge adulte.

Depuis, Bataillon a élargi la notion de non spéci-

---

1. On sait que le parenchyme testiculaire est maintenu sous une telle pression dans son enveloppe fibreuse ou musculofibreuse que la section de cette enveloppe détermine une hernie volumineuse du tissu glandulaire.

ficité de l'élément mâle, ayant réussi à féconder des œufs de Crapaud, non seulement avec du sang de Batracien, mais aussi des extraits triturés de rate, de testicule de Cobaye, de Rat, de Carpe ou de Brochet, même avec la laitance de Carpe tuée à 45°.

Donc, chez un grand nombre d'espèces, le gamète mâle n'est pas véhicule de plasmas spécifiques : par exclusion, nous sommes amenés à lui attribuer *le rôle de vecteur des caractères et plasmas non fixés et spécialement individuels de l'animal mâle dont il émane,* mais sans aucune nécessité que ces plasmas soient à l'état de pureté (1). C'est dire que toutes les formules M schématisées figure 1 sont possibles avec seulement probabilité de fréquence pour (4) ou (5).

19. *Morphogénèse du gamète femelle.* — La morphogénèse du gamète femelle va nous aider à préciser lequel des six schémas de couples de gamètes imaginées sont les plus habituellement réalisés dans la nature.

Mais, il convient de signaler de suite un premier cas limite au point de vue de la filière gamétogénétique : c'est celui, où au cours de l'embryogénèse de

1. Qu'il existe des gamètes où la division du travail est incomplète et imparfaite, nous en avons des preuves par une expérience de Boveri : faisant féconder des œufs énuclés d'Oursin par du sperme d'une autre espèce, il obtint des embryons du type mâle. Il est donc établi *que pour cette espèce-là,* le gamète mâle est véhicule aussi de caractères spécifiques. Faut-il y voir un rapport avec la situation du type Oursin dans la systématique paléontologique ? Les oursins actuels sont étroitement apparentés aux familles d'Echinides vivant depuis la période primaire et se rangent parmi les formes qui ont le moins évolué au cours des âges. Les plasmas de variation auraient une part insignifiante dans la constitution de leurs gamètes qui répondraient au schéma 6.

cèrtains types vivants, il se produit une sorte de
malformation, d'arrêt de développement qu'on peut
à peine dire physiologique : la filière se termine en
cul-de-sac et n'a pas de pertuis d'évacuation à l'extérieur : c'est là une disposition très rarement réalisée
dans la nature, fatale à la vie de l'Espèce si elle était
généralisée, c'est le cas des neutres d'Hymenoptères,
chez lesquels l'imprégnation précoce de chitine ob-
ture les voies génitales et amène consécutivement
une transformation des glandes sexuelles avortées,
en glandes venimeuses ou analogues.

Or, entre cette disposition qui réalise une ferme-
ture hermétique abolissant la sexualité chez l'individu
qui en est atteint, et celle qu'on a décrite plus haut
comme caractéristique du sexe mâle (une filière continue jusqu'à l'extérieur ou jusqu'aux voies génitales
macroscopiques) il y a place pour un type intermédiaire.

La filière peut offrir des interruptions, des hiatus,
des replis, des détours qui retardent la progression
du gamète : celui-ci aura une destinée différente de
celle du gamète mâle ; arrêté dans sa course, il s'im-
mobilisera, et au lieu de laisser tout ou partie de son
enveloppe cytoplasmique comme exprimée par le
serrage de la filière, il s'imprégnera largement de
cette substance à travers laquelle il évolue nécessairement puisqu'elle constitue une portion importante
des plasmas circulants de l'animal. Elle lui formera
bientôt une enveloppe extérieure dite « nourricière »
qui pourra atteindre un volume notable. Son évacuation à l'extérieur sera retardée d'autant.

On reconnaît là, schématisés, les divers stades de l'ovogénèse, leur parallélisme avec ceux de la spermatogénèse, s'il est permis avec Weissmann, d'assimiler aux divisions réductrices l'émission des globules polaires. Cette émission entraîne, pour Hertwig, un autre résultat qui a son importance : c'est de permettre à l'ovule mûr de s'enrichir du cytoplasme des ovules abortifs voisins — qui ont rejeté leur nucléine sous cette forme, tandis que leur matériel protoplasmique s'est fondu dans la masse de l'œuf définitif(1). Il va de soi que toute surabondance des P.S. dans la nutrition d'un individu en croissance (à sexe non différencié dès l'amphimixie) — ou dans la circulation d'une femelle vivipare en gestation, favorisera la production du sexe femelle. N'est-on pas tenté d'interpréter ainsi le pourcentage élevé des femelles dans les célèbres expériences du reste controversées (Cuénot), de Yung sur les tétards diversement alimentés, les tétards cannibales donnant 92 % de femelles ? ou chez les chenilles fortement nourries de Mme Treat ? ou chez les Huitres à hermaphrodisme alternant, ou le sexe femelle réapparaît par une alimentation abondante (Dantan) ? Dans le même ordre

1. Korscheldt a bien observé sur l'œuf d'Ophryotrocha, les stades successifs de son accroissement aux dépens d'une cellule nourricière voisine à laquelle elle est accolée : or le cytoplasme de cette dernière est progressivement et complètement incorporé à celui de l'œuf à l'exclusion de la chromatine qui, presque dépouillée de son enveloppe, reste aplatie sur l'œuf mûr. Celui-ci ne conserve donc que son propre noyau originel. Chez la Fourmi, la chromatine, au cours de l'évolution des cellules sexuelles, disparaît aussi dans les futures cellules ovulaires et se conserve dans les cellules folliculaires (Mlle Loyez).

d'idées, G. Smith fait observer que le teneur en graisse du sang de l'Inachus est notablement différente dans les deux sexes, et il émet l'opinion que la provision de vitellus remise à la disposition de l'organisme par la mort de son parasite habituel, la Sacculine, détermine la formation des œufs et par conséquent l'apparition du sexe femelle.

Voici un autre exemple montrant bien l'homologie originelle des gamètes, puisqu'il s'agit d'un animal à hermaphrodisme alternant, « Helix Pomatia » ou « Limax » : les éléments morphologiquement caractérisés comme mâles se différencient les premiers dans l'organe génital bisexué ; puis survient la différenciation des « cellules nourricières » ; alors, des cellules encore indifférentes après l'apparition de celles-ci prennent des caractères femelles (Prenant), c'est-à-dire que la présence des « cellules nourricières » maintient en place les futurs ovules et leur barre le chemin ; enfin ces cellules nourricières sacrifient leur cytoplasme à l'accroissement de l'ovule typique.

Il est du reste impossible dans l'état présent de l'Histologie, de faire, sur l'ovule mûr du type (4) du schéma, la part de ce qui correspond à la masse du spermatozoïde. Cette « homodynamie » biologique imposée par l'étude de l'hérédité dans certains types, n'a nullement besoin d'être généralisée : même son cas limite où elle devient nulle et confine à zéro, doit évidemment être identifié avec cette forme exceptionnelle de la reproduction qu'est la parthénogénèse.

La perméabilité plus ou moins aisée de la filière génitale macroscopique commande, contingences secondaires, le moment où l'œuf fécondé sera expulsé, à l'état d'œuf ou d'embryon à divers degrés de développement ; mais la perméabilité de la filière microscopique est dans certaines espèces supprimée avec l'âge, alors que persiste le spermatogénèse chez le mâle.

On connaît assez quelle crise laborieuse et semi-pathologique puisque sanglante, accompagne dans l'espèce humaine et chez les anthropoïdes voisins, la rupture du follicule de De Graaf. La cessation de l'ovulation est très précoce dans ce groupe et l'involution ovarienne de la ménopause apparaît comme l'indice de l'envahissement par la sclérose commençante de cette filière femelle d'une perméabilité déjà si précaire pendant la durée de la vie génitale. Une étude de von Hanseman tend à établir que cette sclérose ou atrophie ovulaire s'installe de très bonne heure dans l'espèce humaine, tout au moins, puisque c'est chez le nouveau-né que le nombre des œufs est le plus grand (50 à 70.000) ; ce chiffre diminue déjà de moitié de 8 à 14 ans, et chez la fille pubère, il n'est plus que de 6.000 à peu près. L'atrésie ou involution ovulaire continue avec cette gradation jusqu'à la ménopause.

Von Hanseman y voit le résultat d'une lutte entre les œufs ; oui, si on veut, mais en fin de compte, c'est le tissu de sclérose qui reste victorieux.

En résumé, par un effet *de la division du travail,* très ancien et fondamental dans les phylogénies, à *l'œuf seul ou a lui principalement incombe l'approvisionnement des plasmas fixés identiques dans les deux sexes.* Cela ne l'empêche pas de renfermer une proportion de plasmas individuels de la femelle à peu près équivalente à ce que le gamète mâle apporte.

Cette distinction fondamentale n'est pas absolument nouvelle. Il y a plus de trente ans que Brooks publia une théorie analogue, mais opposait l'un à l'autre les deux gamètes, comme dans le schéma (6), le plus rare de tous à notre sens. Plus récemment, Cuénot (1911) exprime la même idée en termes peu différents : « le morphoplasme d'origine ovulaire, plus le noyau mixte de l'œuf fécondé sont le potentiel nécessaire pour la génèse d'un individu ; mais les traits particuliers par lesquels cet individu diffère d'un autre seraient déterminés uniquement par la chromatine nucléaire. »

Revenant à présent aux divers schémas de la figure 1, nous devons établir leur échelle de probabilité dans le monde vivant :

(1) Est un cas limite, antérieur à la sexualité ; appartient à nombre de Protozaires et quelques Métazoaires hermaphrodites.

(2) Extrêmement rare ; dimorphisme sexuel exagéré ?

(3) Cas limite incompatible avec la sexualité : mais représente bien certaines réussites de parthénogénèse expérimentale ;

(4) Très répandu : la division des fonctions M et F y atteint son optimum ;

(5) Très répandu aussi. Peut-être est-ce là le type humain, car Posner et Benda admettent l'existence sur le spz. de l'homme d'une très légère couche de protoplasme granuleux.

(6) Très rare. Dimorphisme sexuel exagéré ou parthénogénèse ? Phylums à évolution retardée ? Se relie par tous intermédiaires au schéma (1).

CHAPITRE III

L'ADAPTATION DE LA CELLULE AU MILIEU

20. *Insuffisance de l'adaptation au milieu au sens Lamarckien.* — Il est remarquable que l'adaptation au milieu proclamée par Lamarck depuis plus d'un siècle, comme un des plus généraux processus biologiques, soit restée une formule qu'on sent obscurément vraie dans son ensemble, mais qu'on ne peut invoquer avec certitude, ni appliquer avec précision dans un grand nombre de cas : elle conservera quelque chose de verbal et de scolastique tant qu'on ne se sera pas rendu compte de son mécanisme intime : dans certains exemples, elle paraît éclatante et s'impose ; souvent elle est indistincte et ambiguë ; souvent encore elle est nulle parce qu'on ne peut définir clairement *à quoi les organismes sont adaptés.*

On saisit bien à quel milieu (vivant) est adapté tel parasite, à quel milieu physique, aérien ou marin, est adapté un oiseau ou un poisson typique, mais l'adaptation ainsi comprise est incapable d'expliquer la morphologie dans le plus grand nombre des cas et de nous éclairer sur le mécanisme producteur de telle ou telle structure. En quoi le fait pour « Artemia Salina » de perdre ses soies caudales et d'atrophier les lobes de sa queue, facilite-t-il l'adaptation à l'accroissement de salure de la mer ? Voilà un type adaptatif incompréhensible « quoad animalis usum », mais susceptible un jour d'explication par quelque répercussion de mécanique cellulaire.

Au contraire, nous saisissons très bien comment l'accroissement de la richesse globulaire permet l'adaptation de la fonction respiratoire aux altitudes élevées, ou encore que l'augmentation de volume des fibres musculaires d'un utérus en gestation soit un type d'adaptation du contenant ou du contenu : *c'est que dans ces deux cas, l'adaptation est d'ordre cellulaire.*

Les explications de la morphologie macroscopique sont presque toujours en défaut ou contradictoires. Même les expériences et observations pourtant minutieuses de M. Houssaye sur la formation du type Poisson, n'autorisent que les conclusions les plus fragiles, puisque d'une part il y a quantité d'animaux marins qui ne sont pas des poissons, et d'autre part quantité de poissons qui ne sont qu'imparfaitement pisciformes.

On peut citer au contraire des animaux qui sont remarquablement indifférents au milieu cosmique : ainsi entre un Crabe exclusivement marin et un Crabe terrestre, voire arboricole, les différences d'organisation sont insignifiantes.

L'action du milieu devient, dans certaines discussions, un facteur commode et banal qu'on invoque parfois sans tenir compte des contradictions auxquelles il expose : ainsi les animaux abyssaux sont suivant le cas, ou aveugles parce qu'il n'y a pas de lumière, ou pourvus d'organes oculaires d'une puissance et d'un développement inusités, pour mieux utiliser les infimes radiations des profondeurs, ou munis tout simplement d'yeux normaux, comme les poissons de surface, parce que... telle est leur forme spécifique (1).

La voie est ailleurs. Elle est dans la physico-chimie.

Physiquement, il est bien évident que toute « forme » vivante ou non, à la surface du globe terrestre est toujours la résultante directement ou par détours et incidences diverses, de *l'attraction terrestre et de la force centrifuge*. Eotvos a prouvé que leur action est indépendante de la nature de la substance envisagée. Ce sont là les deux grandes modeleuses de toute forme sur la Terre, depuis celle d'un cratère volcanique jusqu'à celle, pourtant infiniment complexe, du pur sang le mieux racé.

Chimiquement, c'est un truisme de répéter que

1. Combien de types organiques pour qui la Nature semble avoir été si avare de ce potentiel vital assurant aux animaux une certaine taille et une certaine longévité, qu'on s'émerveille de la résistance de leurs espèces à l'extinction !

Voyez le type Insecte, constamment menacé d'asphyxie dans les tissus profonds, par suite de la pression de plus en plus élevée des gaz respiratoires dans les fines ramifications tissulaires de leurs trachées : celles-ci se terminent directement dans l'intérieur même des cellules (Leydig, Holmgren) d'où dégénérescence graisseuse « physiologique » des grandes cellules striées des trachées. De même, chez eux, les épithéliums, en dégénérescence muqueuse, rejetés à la périphérie, deshydratés, se concrètent en une carapace de chitine qui étreint et étouffe l'insecte, jusqu'à ce qu'une crise de métamorphose l'en débarrasse.

Quel type circulatoire défectueux que celui qui met ainsi l'oxygène et le protoplasma semi-liquide en conflit mécanique permanent !

O^2, puis H^2O, puis Az, puis les autres métalloïdes et quelques métaux qui constituent l'écorce terrestre sont le substratum unique de la matière vivante des deux règnes ; on y insistera plus loin : mais dès maintenant on doit reconnaître que prise en masse, la matière vivante, en tant que substance chimique de telle ou telle composition, est strictement adaptée au milieu chimique où elle est plongée, d'où elle émane, et où elle retourne à chaque instant, suivant un circulus dont la constatation est vieille comme le monde. Autrement dit, les *milieux intérieurs sont chimiquement adaptés au milieu cosmique*, avec d'infinies modulations de détail suivant les types. Mais est-ce qu'à leur tour, les cellules qui se constituent nécessairement aux dépens de ces milieux intérieurs, de ces milieux intermédiaires, « milieux tampons », n'y doivent pas être aussi inévitablement adaptées ?

Telle est l'hypothèse que la logique élémentaire impose d'abord et qu'on va voir devenir une loi vitale de première importance, quand on aura pénétré quelque peu et interprété le détail de la vie cellulaire.

21. *Comment la cellule s'adapte au milieu.* — Sur l'intimité de la vie individuelle de la cellule nous savons peu de chose qui soit applicable sans restriction à toutes les cellules et non pas à certains éléments spécialisés ou différenciés : rien de définitif sur la nutrition, sur le rôle social de chacune : il n'y a d'universel, de visible et de certain pour toutes que deux opérations : la bipartition, c'est-à-dire la possibilité de se diviser en deux cellules semblables, et la mort,

la dégénérescence, la dissolution qui est pour toute cellule, l'autre mode de terminaison de son existence individuelle : autrement dit, pour toute cellule, il n'y a qu'une seule façon de commencer, de naître : la bipartition d'une cellule antécédente ; mais il y a deux façons de finir, sinon de mourir : une semblable bipartition, ou les types si nombreux des dégénérescences et des mortifications.

Ces deux réactions sont les seules qu'on retrouve partout, depuis les Protozoaires les plus infimes, jusqu'aux colonies animales ou végétales les plus hautement organisées.

La dégénérescence, la mort cellulaire n'offrent aucune obscurité quand l'agent destructeur est d'une irrésistible brutalité, ce qui est fréquent ; il n'y a presque rien de proprement vital dans la destruction du protoplasma par le contact avec un acide fort, l'acide sulfurique concentré par exemple : très rapidement, une foule de réactions contemporaines s'enchevêtrent, les albumines désorganisées se résolvent en leurs éléments plus simples ; on perçoit l'odeur des bases pyridiques, de l'acroléine et des produits ammoniacaux volatils ; certaines bases libérées donnent des sulfates ; mais ce qui domine tout au point de vue pondéral et comme résultante ultime, c'est la stricte deshydratation de tout tissu, par l'affinité invincible et purement chimique de SO^4H^2 pour l'eau libre ou combinée : comme résidu il subsiste un mélange d'hydrocarbures et de composés aromatiques, plus ou moins adhérents à un squelette charbonneux et salin. Peut-on se défendre de voir là, en dépit du résultat destructeur, comme une sorte d'adaptation d'ordre chimique, puisque du fait de sa violence, ce processus réactionnel ne semble, à aucun degré, susceptible de trouver sa place parmi les phénomènes biologiques?

Mais voici une intoxication d'autre nature, un peu moins brutale, plus torpide, plus insinuante et qui semble laisser au protoplasme comme une sorte de spontanéité réactionnelle : il s'agit cette fois de quelque banale dégénérescence graisseuse phosphorée. Or la matière vivante n'a pas ici non plus, le pouvoir de refuser aux molécules du métalloïde réducteur assaillant l'oxygène pour lequel celui-ci manifeste une avidité si caractéristique : l'édifice cellulaire va donc aussi se disloquer, mais plus lentement, en quelques jours au lieu de quelques minutes : il devra libérer petit à petit de son ensemble moléculaire le gaz vivifiant qui en constitue comme un des ciments ; il en résultera optiquement des figures de dégénérescence diverses, suivant le degré et la violence de l'intoxication : l'état d'équilibre chimique se réalise et la cellule, morte ou mourante, n'est plus composée que des molécules les plus pauvres en oxygène, les corps gras.

Qu'est-ce encore, sinon un exemple d'adaptation mi-biologique, mi-chimique, des plasmas cellulaires au milieu extérieur à la cellule, dans l'espèce aux plasmas phosphorés ? A la vérité, ici encore, la réaction est plus chimique que biologique.

Pour retrouver une réaction qui relève franchement de la biologie, il nous faut faire une incursion dans le domaine de l'histologie pathologique.

Soit un nodule d'inflammation chronique, un tuberculome à son début : au centre, un groupe de bacilles, vivants ou morts, laisse exsuder ses toxines caractéristiques à qui on impute depuis longtemps la « nécrose de coagulation » ; à leur contact, le protoplasma se montre granuleux ou sidéré, dégénéré en une masse informe, assez étendue, dite « cellule géante », mais à sa périphérie on observe comme une coque, une zone sphérique de cellules en prolifération, tuées aussi, et fixées à ce stade (cellules épithélioïdes) ; elles furent évidemment soumises à une moins intense et moins prompte intoxication. Plus tard, l'extension du processus morbide les amènera à leur tour à ce stade dégénératif qui sera comme la conclusion de leur multiplication préalable ; d'autres, plus périphériques, se diviseront à leur heure ; le centre, si le microbe est vivace, continuant à dégénérer, suivant un processus dont Lannelongue a bien montré le mode d'extension. Voyez de même la genèse du nodule péribronchique de la « pneumonie épithéliale » tel que l'a décrit Charcot. L'alvéole, comblé de pus, c'est-à-dire de cadavres cellulaires desquamés et mélangés aux microbes, est englobé dans une zone de splénisation où les cellules des parois alvéolaires ont seulement proliféré. Ne sont-elles pas plus distantes que les premières de la bronche bourrée de microbes ?

L'étude de tout foyer d'inflammation nous amènerait aux mêmes constatations, s'il n'y avait, ici surtout, en ce qui concerne les tissus des animaux supérieurs, controverse sur l'origine des cellules multipliées, fixes ou migratrices suivant les auteurs. Quelle que soit cette origine, ces cellules dont la « vitalité est exaltée » disent les classiques, succombent tôt ou tard dans leur conflit avec le microbe, et se résolvent en un foyer purulent, dont l'étude, à un certain degré de décomposition, sera du ressort exclusif de la chimie. De tels exemples sont nombreux en pathologie végétale, lorsque l'infection intéresse un meristème vivant, et plus schématiques encore, car alors la réaction proliférante du tissu n'est pas masquée et débordée par l'intervention de la diapédèse et l'inondation du foyer malade par les cellules lymphatiques mobiles.

Ainsi, abstraction faite des phénomènes vasculaires, qui ne peuvent être généralisés aux deux règnes vivants, le schéma de l'Inflammation, c'est-à-dire, tout compte fait, d'une variation chimique localisée, du milieu intérieur, par rapport à la cellule, se traduit par la dégénérescence cellulaire, au point d'application ou d'intensité maxima du toxique, et un peu plus loin, à mesure que son éloignement et sa dilution dans les plasmas nutritifs en atténuent la violence, par des apparences de cytodiérèse (1).

1. L'expérimentation sur les tissus vivants ne laisse pas de nous fournir à l'occasion une gradation du même ordre : dans les régénérations glandulaires, surtout du foie et du pancréas, Cornil et Carnot notent que l'irritation traumatique aboutit ici à la dégénérescence vasculaire ou graisseuse (zone de mortification attenante à la section) et plus loin, plus en dehors du traumatisme, on relève une irritation proliférante soit nucléaire, soit cellulaire.

Il faut se limiter, car les constatations expérimentales analogues sont

Il n'y a donc qu'une question de degré entre les deux réactions, l'une la dégénérescence, étant une réaction d'adaptation presque purement chimique, l'autre, les cytodiérèses, une réaction biologique, histologique : l'intensité de l'altération humorale est seulement moindre ici, et nous sommes autorisés dès lors à avancer que, si les *cellules centrales ont dégénéré pour s'y adapter chimiquement, les cellules périphériques se sont multipliées pour s'y adapter chimiquement et biologiquement.*

Quittant à présent les réactions franchement pathologiques, nous allons retrouver la même tran-

surabondantes : on sait que l'ingestion de petites doses de P ou de As suffit à amener la multiplication de l'endothélium des capillaires hépatiques ; à plus haute dose, ce serait la dégénérescence graisseuse périportale ou massive. Le badigeonnage de la peau à l'Iode amène, au bout de huit heures, la prolifération de l'endothélium cutané. (Ziegler et Obolensky). Podwissodsky, par injection de terre d'Infusoires chez le cobaye, obtient des tumeurs montrant à leur centre une cellule géante multinucléée, et à la périphérie une énorme quantité de noyaux en prolifération. Powel White obtient, par injection d'acides oléiques et palmitiques, des abcès aseptiques, et à leur limite, une prolifération épithéliale intense, tant dans la glande mammaire que sous la peau. La transition, de la nécrose expérimentale à la karyokinèse est également notée par Letulle dans la cornée, tissu qui fut un moment le « champ de bataille » des théoriciens de l'inflammation. Dans certains ictères graves, Gilbert et Herscher ont constaté des figures de karyokinèse, qui leur font admettre qu'avant de succomber, la cellule hépatique manifeste ainsi sa « suractivité fonctionnelle ». Toute l'Anatomie pathologique expérimentale pourrait être mise à contribution. Même transition signalée par Lécaillon, dans la segmentation parthénogénétique de l'œuf de poule : les cellules produites par une série de mitoses dégénèrent les unes après les autres. L'irradiation Rœntgénienne même n'agit pas différemment : est-elle forte, il s'ensuit une véritable fonte cellulaire ; à dose très affaible, la multiplication se manifeste sans qu'on puisse faire le départ de ce qui revient à l'action physique « actinique » de cet agent si puissant ou à des opérations chimiques interposées.

sition entre les deux processus, dans l'évolution d'un certain nombre de tissus normaux.

L'épiderme des mammifères est constitué d'une série d'assises cellulaires superposées, avec une demi-douzaine de types morphologiques intermédiaires entre la lignée germinative, intérieure, vivace, contiguë aux anses vasculaires et appuyée sur la basale, lignée dont la nutrition est relativement aisée, jusqu'aux éléments aplatis, exfoliés, incolorables, du *stratum corneum*, incessamment disséminés dans le milieu cosmique et dont la nutrition est d'autant plus précaire qu'ils sont plus extérieurs. Une glande holocrine, glande sébacée par exemple, présente aussi d'insensibles transitions entre la zone épithéliale canaliculaire, çà et là proliférante, et le fond du cul-de-sac où s'accumulent les éléments dégénérés, avant d'être éliminés, sous les noms et les apparences diverses des produits de sécrétion.

De cette déchéance progressive de certains épithéliums, Chantemesse et Podwyssodsky attribuent explicitement la cause à l'insuffisance alimentaire, « créée par l'éloignement des capillaires nourriciers », et voient, dans la réaction du tissu vivant contre les cellules mortes, « un processus d'utilisation des substances nutritives que ces derniers renferment ». Il est en effet très suggestif d'envisager les cytodiérèses des assises sous jacentes comme une tentative d'adaptation de ces cellules encore vivaces, aux plasmas de nouvelle composition, modifiés par le voisinage du milieu cosmique, plasmas résultant eux-mêmes de la dissolution des cadavres cellulaires les plus extérieurs, dont les assises sont incessamment renouvelées. Il y aura lieu de reprendre cette idée quand nous étudierons la signification des épithéliums glandulaires dans l'ensemble de la vie somatique.

La multiplication des protozoaires et des microbes doit être indiquée aussi comme un type très répandu de cette adaptation bio-chimique. Seulement ici, le plus souvent, le cadavre cellulaire est invisible, mais non imperceptible, car il se retrouve en solution dans le bouillon de culture sous forme de toxines et autres produits d'excrétion ou sécrétion de la vie microbienne.

Il est bien connu en effet que les levures présentent une sorte d'*antagonisme régulier entre le pouvoir multiplicateur et le pouvoir ferment* (Duclaux), le premier montant lorsque l'autre baisse : c'est que les deux processus sont des équivalents biologiques : les ferments solubles, les enzymes dont la chimie s'occupe pour son compte, seraient les premiers fragments, les plus grosses molécules résultant de la dissolution des cadavres microbiens, des microbes qui n'ont pas réussi à s'adapter biologiquement au bouillon, mais s'y sont adaptées chimiquement.

Toute la bactériologie pourrait être mise à contribution pour aboutir à cette formule qu'on prévoit, que *l'adaptation morphologique des microbes suivant les milieux, n'est que la résultante optique d'une adaptation chimique invisible* (1).

1. On arrive même à transformer des anaérobies en aérobies par repiquages successifs et ce, avec perte des fonctions pathogènes et même chimiques habituelles (G. Rosenthal); plus tard ils perdent leur morphologie spécifique : le vibrion septique, même le bacille de Nicolaier

A la limite, enfin, rien n'empêche de considérer les vaccinations antimicrobiennes, qu'il s'agisse d'extraits solubles ou de bacilles vivants suivant la méthode de Wright, comme un procédé imposant à l'organisme immunisé son chimisme, tolérable pour lui, mais apparenté dans une certaine mesure à celui du microbe pathogène dont on pense prévenir l'invasion : celui-ci étant adapté par avance à ce milieu ainsi « corrigé » ne sera plus incité à s'y multiplier. La vaccination adapterait l'organisme au chimisme microbien.

L'exaltation habituelle de virulence, c'est-à-dire en particulier des aptitudes prolifératrices, par les passages successifs, exaltation dont l'optimum est atteint si ces passages ont lieu à travers des animaux d'espèce différente, se range dans le même ordre de preuves : les cellules isolées des protozoaires ne réagissent pas autrement que celle des animaux les plus élevés en organisation.

Ainsi, adaptation chimique évidente dans les intoxications violentes; adaptation biologique par cytodiérèse typique ou non en présence de toxiques plus atténués, mais encore accessibles à notre reconnaissance et à notre expérimentation; mais lorsque les altérations du milieu nutritif ambiant sont réelles,

---

deviennent des streptocoques banaux. Chez les Levures, on rencontre des exemples expérimentaux non moins typiques : Effront a « accoutumé » des Levures à l'acide fluorhydrique et Dienert au galactose : entendez que cette accoutumance est acquise pour les générations ultimes produites par de nombreuses dichotomies successives, chacune d'elles représentant l'effort de réaction pour équilibrer le plasma vivant de la levure avec le milieu nouveau.

certaines, quoique hors de la portée de nos vérifications instrumentales ou autres, la cellule, elle, *réagit encore à ces nuances physico-chimiques infinitésimales*, et ce, *avec les apparences de la spontanéité*, comme si elle était mue par quelque force vitale intérieure, immanente et directrice.

Or ce principe de biologie cellulaire va nous être d'un utile appui pour le chapitre suivant où l'on va considérer le cas si intéressant et si général de la multiplication cellulaire des êtres en croissance, c'est-à-dire, pour s'en tenir au type le plus fréquent, celle qui est consécutive à l'amphimixie.

22. *Les cytodiérèses amphimixiques et l'ontogénèse.* — Les conceptions classiques modernes depuis Fol, Hertwig, Strasburger, Flemming sur la conjugaison des gamètes, n'offrent guère d'obscurité et ne semblent pas appelées à subir de notables modifications dans l'avenir. Mais l'accroissement substantiel consécutif et cette mise en œuvre progressive de la substance vivante qui en est le corollaire dynamique, restent encore inexpliqués : pourquoi tout d'un coup cette mise en branle de bipartitions cellulaires ininterrompues qui doivent aboutir à fournir, avec le temps, le matériel cellulaire et nucléaire des tissus entiers du nouvel être ? Comment se représenter, au début de chaque ontogénèse, l'intervention de cette chiquenaude édificatrice dont Descartes avait invoqué la nécessité à l'origine du monde ?

Considérons en effet un type animal supérieur dont les gamètes ont la valeur réciproque optima qu'on leur a accordée au schéma (4). Leur conjugaison, représentée microscopiquement par la juxtaposition, puis la fusion des chromatines mâle et femelle, se fait donc dans le cytoplasme de l'œuf, et ce cytoplasme, ainsi que tous les éléments nutritifs éventuellement disponibles qui l'entourent, est de la substance spécifique.

Une fois la conjugaison effectuée, on se trouve donc en présence d'un *élément cellulaire d'une composition insolite, évidemment sans analogie avec aucune autre cellule du soma tout entier*, car nulle autre cellule ne se trouve en fait constituée :

1° D'un cytoplasme spécifique ;

2° Pour une moitié de sa chromatine, de ce qui correspond au gamète femelle physiologique, c'est-à-dire aux plasmas non fixés de la mère ;

3° Pour l'autre moitié de sa chromatine par le gamète mâle intégral, support des plasmas non fixés du père.

Or, par définition, cette *substance chromatique amphimixique, composite, n'est pas chimiquement adaptée à la composition du cytoplasme de l'œuf fécondé*, non plus qu'à celle de tout ce matériel périphérique vivant ou non, circulant ou non, susceptible de servir éventuellement à la formation des blastomères et à la croissance du jeune être ; chez les mammifères spécialement, cette chromatine composite est évidemment différente chimiquement du milieu intérieur maternel.

C'est donc le moment de faire appel aux conclusions du paragraphe précédent, et de considérer les multiplications cellulaires qui vont suivre, *comme un cas particulier de l'adaptation de la cellule au milieu* : cette dysharmonie chimique entre cette première masse nucléaire de l'organisme et le cytoplasme actuel, et les cytoplasmes futurs, incessamment, automatiquement, surabondamment fournis par la suite, à mesure de la croissance et de l'appel nutritif, cette *dysharmonie amène le premier déclanchement cytodiérétique et entretient les suivants :* ces séries plus ou moins nombreuses de cytodiérèses vont tendre à adapter ce noyau et les noyaux futurs au milieu chimique nouveau dans lequel ils sont plongés.

Le seul postulat est en somme le suivant : peut-on admettre que chaque blastomère est assez sensible à l'infinitésimale différence chimique qui existe entre sa substance et le plasma spécifique extérieur, différence que ni la chimie, ni l'histologie ne révèle, mais dont la réalité est indubitable, pour y réagir par cette série de cytodiérèses adaptatives qui sont à l'origine de toute embryogénèse ?

Oui. Nous sommes aujourd'hui assez familiarisés avec la puissance d'accumulation de ces forces réelles quoique insaisissables et occultes, sur l'importance biologique desquelles M. Ch. Richet a maintes fois insisté, pour ne pas être surpris qu'on les invoque ici : la sensibilité de la matière vivante et pour tout dire, de la cellule, à la présence ou à l'absence d'un élément chimique est souvent de même ordre que celle de l'analyse spectrale, sinon plus minutieuse encore : ainsi Pfeffer a prouvé, par l'étude des tactismes positifs et négatifs de l'anthérozoïde de la Fougère vis-à-vis de la solution d'acide malique à 1/100.000ᵉ que ce gamète est susceptible de réagir à la différence infinitésimale de concentration d'acide qui peut régner sur sa propre longueur, c'est-à-dire sur un peu plus d'un centième de millimètre ! Cet exemple, d'ordre strictement chimique, est tout à fait frappant.

On peut établir comme suit la progressive adaptation de la constitution des blastomères à chaque nouvelle cytodiérèse, le cytoplasme restant plasma spécifique immuable et permanent : le noyau est formé : [A] *d'une portion de la chromatine amphimixique géométriquement décroissante à chaque nouvelle cytodiérèse ;* [B] *d'une portion synthétique, constituée aux dépens du plasma circulant ambiant, surabondant et comme obsédant, portion géométriquement croissante à chaque nouvelle cytodiérèse.* Cette substitution insensible, cette pénétration réciproque d'un plasma par l'autre, n'est pas une vue de l'esprit : Godlewski, chez l'Oursin, a expressément observé la transformation, par endroits, du cytoplasme en substance nucléaire (1908). Boveri avait démontré clairement (1905) que cet approvisionnement de la substance nucléaire de synthèse ne peut se faire qu'aux dépens du cytoplasme, et récemment encore, Loeb n'a pas manqué de mettre en lumière l'importance biologique de ces observations.

Ainsi se réalise par « approximations successives », — comme dit M. Delage, envisageant l'assimilation en général, — ainsi se réalise *l'adaptation physico-chimique de la nucléine amphimixique composite au milieu spécifique*, qu'on peut concevoir comme presque immuable, tout au moins à ces premiers stades de la nutrition embryonnaire.

Il est inévitable que la portion nucléaire A tende vers zéro tandis que la portion B tend vers l'infini : ce moment arrive plus ou moins tôt suivant les espèces animales, suivant surtout les relations réciproques, dans la constitution des gamètes, de la proportion des deux plasmas. Enfin l'adaptation est complète, les cytodiérèses d'origine amphimixique s'arrêtent.

Il peut y avoir là, pour certains types vivants, une explication simple de l'allure progressivement ralentie de la croissance et de son arrêt (1) fixant une limite au volume somatique de chaque espèce et de chaque individu. Mais comme la nutrition autonome, avec l'apport inévitable de ses plasmas individuels vient de bonne heure enchevêtrer son influence avec celle des plasmas amphimixiques, il est difficile de faire le départ de ce qui revient à l'un et à l'autre pour déterminer l'arrêt de la croissance corporelle.

1. Remarquez la frappante homologie de mécanisme évolutif avec le cas classique de la lignée des Infusoires ou des Diatomées menacés de sénescence et que la conjugaison rajeunit : division préalable des noyaux de chaque individu ; intercommunication des cytoplasmes ; échange d'un demi-noyau d'un conjoint à l'autre ; constitution d'un noyau mixte définitif, reprises de bipartitions par centaines de séries ; mais ici les cellules produites restent séparées.

Les trois éléments en présence dans l'ovule fécondé se reconnaissent : cytoplasme « spécifique » portant des caractères morphologiques fixes de l'infusoire ; demi-noyau appartenant à ce même individu ; demi-noyau émané d'un infusoire étranger ; enfin toute l'évolution se poursuit dans le milieu cosmique extérieur, nécessairement mal adapté ou médiocrement adapté au point de vue chimique, qualitatif et quantitatif.

M. Delage remarque à ce sujet qu'il ne faut pas négliger le principe géométrique spencérien sur les besoins alimentaires des masses cellulaires qui croissent comme les cubes, tandis que l'apport alimentaire par les surfaces digestives ne peut croître que comme les carrés : il en résulte une limitation automatique indéniable et d'action universelle qui tient à ce plus ou moins bon rendement de l'appareil de synthèse chimique spécifique. La limitation de la taille spécifique (1) est ainsi la résultante de ces trois facteurs et d'autres encore, puisqu'elle est parfois même en rapport avec la surface ou le volume de l'habitat (cas de certains poissons ou mollusques dont la grandeur est en raison de celle de l'aquarium ou du vivier).

Mais de toute façon il arrive un moment dans l'ontogénèse où *il ne reste plus dans le soma du nouvel*

1. Il est facile, en faisant abstraction des dégénérescences cellulaires concomitantes, de calculer le nombre des cytodiérèses nécessaires pour l'édification d'un type vivant donné, puisque le volume des cellules est sensiblement le même dans les divers embranchements (de l'ordre dè dix microns cubes). On arrive ainsi au volume d'un nouveau-né humain au 42ᵉ stade cytodiérétique à partir de l'œuf fécondé, d'un adulte Homme au 46ᵉ stade ; au volume d'un Bœuf au 49°, d'un Éléphant au 52°, enfin d'une Baleine ou d'un Diplodocus et des plus gros animaux qui aient jamais existé vers le 55ᵉ stade.

Dans les divers embranchements, une constatation des plus curieuses est la différence de taille parfois étonnante, qui existe entre des animaux proches parents dans la systématique et dont les plus petits types paraissent les miniatures des plus grands, répétant leurs traits et proportions avec une singulière fidélité, comme si les formes de grande taille, qui sont toujours postérieures aux petites dans l'Évolution (Dollo, Dépéret) étaient des « multiples » d'une petite forme prise comme point de départ, c'est-à-dire devaient leur volume à l'entrée en action d'un nombre entier de stades cytodiérétiques formatifs supplémentaires.

être aucune parcelle matérielle des plasmas de ses géniteurs qui se sont dilués à l'infini dans des milliards de cellules, lesquelles se sont approvisionné d'un nouveau matériel de chromatine aux dépens des substances nutritives incessamment amenées et en partie utilisées à cet effet. La *ressemblance avec un des géniteurs peut donc être frappante, à l'âge même où le rejeton*, par suite des nécessités du tourbillon vital, *ne conserve plus rien de la substance paternelle, ni de la substance maternelle* (1), puisqu'on a mis à part l'action morphogène du plasma spécifique (2).

23. *Prépondérance du plasma et de la forme spécifique.* — L'idée même que Haeckel, Hertwig, Strasburger et W. Roux se sont fait des rapports du

1. Lelorier et Lecointe (1913), à la suite d'expériences sur le sérum de femmes enceintes et l'obtention d'une proportion impressionnante d'agglutinations par la mise en action tantôt de globules d'homme tantôt de globules de femme, concluent à la possibilité d'un « conflit entre les albumines paternelles et maternelles » pendant la gestation.

2. L'étroite ressemblance des jumeaux vrais prouve bien que, dans l'espèce humaine tout au moins, l'action morphogène des plasmas amphimixiques se poursuit tardivement dans leur croissance : elle se maintient encore à l'âge adulte, même s'ils ont vécu en des milieux éloignés et par conséquent, ont pu tirer leur substance corporelle d'aliments aussi différents qu'on voudra. Bertillon a donné une preuve que cette ressemblance des jumeaux univitellins se poursuit jusque dans les détails pour ainsi dire histologiques de leurs organismes, par l'étude de leurs empreintes dactyloscopiques. Chez eux, le nombre des coïncidences des dessins des papilles dermiques atteint une cinquantaine, alors que de père ou de mère à fils ou à fille, il ne dépasse guère 6 ou 7. On se rendra compte de la sécurité d'identification que ces images agrandies procurent à la police judiciaire, par ce fait que le nombre des chances pour qu'une d'elles ne se trouve pas exactement répétée est de l'ordre d'une soixantaine de milliards. Pourtant l'identification judiciaire serait, par cette méthode, sûrement en défaut ici, puisqu'en pratique, moins d'une dizaine de coïncidences suffisent à révéler l'identité.

noyau avec le cytoplasma peut donc être reprise avec profit.

Il y a une sorte de conflit pendant la croissance, entre les P. N. F. des géniteurs et la substance spécifique : ceux-là, essentiellement actifs et dirigeants, celle-ci plus passive, plus pesante : à l'œil qui voit se dérouler les phases si laborieuses de la karyokinèse, la substance chromatique paraît retardée, embarrassée, alourdie dans ses mouvements géométriques, par l'ensemble du cytoplasme, par les filaments protoplasmiques appendus au boyau chromatique ; on dirait que cet être vermiforme cherche à se débarrasser d'un poids mort, à sortir de l'étreinte de cette masse pâteuse, si supérieure à la sienne propre et à s'en libérer.

Le cytoplasme spécifique, en état de synthèse permanente et surabondante, au moins chez les animaux supérieurs à système digestif perfectionné, reste finalement victorieux dans ce conflit universel qui se poursuit depuis l'origine des jours à travers les apparences individuelles transitoires. Il l'emporte en fin de compte, mais non sans qu'il persiste quelque trace du conflit dans la constitution du soma.

Cette substance inerte (1) qui s'impose par sa masse, n'en est pas moins malaxée, tiraillée, orientée, mise en place, à la fin de chaque cytodiérèse ; et à la place que chaque cinèse précédente

---

1. Tout ce que nous savons par les expériences classiques de mérotomie depuis Balbiani, Delage, Verworn et autres, nous autorise en effet à tenir le cytoplasme isolé pour un élément incomplet, inapte à aucune évolution ultérieure, ayant seulement la vie en puissance.

nécessite, sauf intervention extérieure perturbatrice toujours possible, et qui suivant l'âge où elle se produira, relevera de la tératologie ou de la pathologie ; et ainsi de suite, à mesure que les dichotomies cellulaires se déroulent, ici plus rapides, là plus espacées, plus accélérées au début de l'ontogénèse quand la dysharmonie originelle est plus accentuée, plus espacées à la fin quand l'adaptation chimique tend à se parachever.

Entre les deux tendances en lutte, l'une, *celle du cytoplasme surabondant, ne peut manquer, en fin de compte, d'imposer la forme générale que ses molécules constitutives réclament, mais toutefois, cette forme spécifique ne peut manquer d'être repêtrie et modelée par l'influence tardivement visible, mais précocement agissante des* P. N. F. des deux géniteurs ; et elle l'emporte, dans la proportion où *la masse des plasmas fixés est immensément supérieure à la masse des plasmas de variation* d'origine amphimixique, jusqu'à ce qu'enfin ces derniers soient définitivement dilués dans les premiers et annihilés par eux au point de vue dynamique.

24. *Les Gamètes sont adaptés aux milieux intérieurs des géniteurs.* — A part les cas exceptionnels de pædogénèse, les Polyplastides n'arrivent à l'âge de la reproduction qu'après une certaine durée de vie individuelle ; ce n'est donc pas, soit dit en passant, la transmission pure et simple de la substance spécifique qui importe, qui appelle l'intervention de l'amphimixie : car le tout jeune être est évidemment aussi bien pourvu du plasma de l'Espèce que le pubère ; mais celui-ci, et l'adulte en possession de sa puissance génitale, ont, sur l'embryon, cet avantage de s'être peu à peu constitué, par les hasards de la vie libre dans le milieu cosmique, un type morphologique personnel, et des plasmas (spécifico individuels) qui en sont les supports matériels.

On a vu que les cellules somatiques sont adaptées ou en train de s'adapter au milieu intérieur, entretenu par les ingesta et élaboré, « assimilé » tant bien que mal : chez les types animaux supérieurs, à circulation fermée, la rapidité du brassage des liquides nutritifs assure une ubiquité et une uniformité très remarquable de la composition de ce milieu intérieur : il s'ensuit que l'adaptation est généralisée à toutes les cellules du corps, y compris celles de la lignée génitale : parmi les milieux intérieurs somatiques successifs, ondoyants et instables que la nutrition quotidienne entretient, *ces cellules germinales sont donc adaptées à celui d'entre eux qui est contemporain de l'évolution de leur lignée jusqu'à la maturité des gamètes* : « Les déterminants de l'œuf sont les mêmes que ceux du corps et varient avec eux (Weissmann). » Chez le mâle, la pérégrination laborieuse du gamète à travers la filière histologique laisse sa trace dans la morphologie et la valeur plasmatique du spermatozoïde : sa naissance est la continuation et l'équivalent biologique des innombrables mouvements cinétiques de tous les autres noyaux du soma ; et en fin de compte ce fragment protoplasmique, constitué « comme il peut » suivant les strictures et la longueur de la filière, ayant réussi à s'évader de l'étreinte cytoplasmique, représente bien, par les vicissitudes de sa génèse, au propre et au figuré, le *le véhicule des caractères non fixés.*

25. *Ce qui est héréditaire et ce qui ne l'est pas.* — Il est donc juste de répéter avec Berthold que le « protoplasma a une structure historique » non seulement dans la phylogénie, mais encore dans l'ontogénie : la cellule sexuelle emporte avec elle l'histoire abrégée des *cytodiérèses d'adaptation d'une certaine période de la vie des géniteurs.* Ainsi conçoit-on que telle particularité singulière des parents apparaisse souvent au même âge — après un même nombre de cytodiérèses — chez l'enfant.

Les ressemblances les plus étranges du rejeton avec les parents sont évidemment expliquées simplement par le mécanisme morphogénétique qui doit résulter d'un même nombre de cytodiérèses synchrones, c'est-à-dire survenant par poussées également espacées pendant une durée donnée.

Autrement dit : *Ce qui est héréditaire communément et habituellement, c'est le nombre et le synchronisme des cytodiérèses amphimixiques ;*

Ce qui est exceptionnellement héréditaire, *et habituellement non transmissible, c'est le nombre et le synchronisme des cytodiérèses non amphimixiques,* fonctionnelles ou irritatives, dont les modalités innombrables et inclassables sont la base physique de tout ce qu'on réunit sous le nom de « caractères acquis ».

Ce sont elles que nous allons étudier à présent.

26. *Les cytodiérèses non amphimixiques.* — On a vu que la chromatine amphimixique doit nécessairement se diluer à un stade ou l'autre de la croissance, au point, soit de disparaître matériellement, soit de perdre tout pouvoir cinétique ultérieur.

Mais les multiplications cellulaires ne s'arrêtent pas pour cela. Dans certains tissus tout au moins, elles se poursuivent toute l'existence. Seulement elles ont un caractère différent des cytodiérèses amphimixiques dont on a constaté plus haut le pouvoir « spécifiquement » et « parentalement » morphogène, en rapport avec leur origine si particulière. Tous les autres cas, en effet, où des cytodiérèses se manifestent dans les tissus vivants peuvent être mis sur le compte de variations décelables ou non, du milieu intérieur ou du milieu cosmique, d'irritation, d'inflammations violentes ou atténuées ; *à l'inverse des précédentes, elles ne possèdent pas d'action morphogène spécifique,* au cas où elles édifient des tissus vivants persistants : souvent, au contraire, elles aboutissent à des déformations des organes édifiés antérieurement par les cytodiérèses amphimixiques.

Ou bien il s'agit de cytodiérèses « fonctionnelles » résultant de l'usure normale des tissus, de la déliquescence des glandes holocrines, et des diverses caducités épithéliales physiologiques. On sait combien les sciences biologiques sont pénétrées aujourd'hui de cette notion que processus physiologiques et pathologiques se muent les uns dans les autres par

transitions insensibles : une excitation cytodiérétique
manquera souvent d'un criterium certain pour affirmer qu'elle est d'ordre physiologique ou qu'elle marque un début de souffrance de l'organisme ; ou bien
les cytodiérèses irritatives ou fonctionnelles sont ap-
parentées à l'autre mode de réaction étudié plus haut
et qui lui aussi est d'une généralité significative, les
dégénérescences. On a vu plus haut par divers exemples tirés de l'évolution glandulaire physiologique,
comment ces transitions s'effectuent « dans l'espace »
et aussi « dans le temps » puisque c'est la destinée
de toute cellule, comme de tout soma, de se désor-
ganiser un jour, et ces cytodiérèses-là méritent en
raison de leur aboutissant ultérieur inévitable, l'épithète de « dégénératives ».

A un autre point de vue, ces cytodiérèses physiologiques ou subpathologiques, que sollicitent à tout
moment les ingesta, les circumfusa, vont avoir leur
part contributive à ce modelage du corps qui va constituer la physionomie individuelle : elles le limitent en
fait par la caducité épithéliale des surfaces vivantes,
par l'usure incessante de la peau, des muqueuses,
des orifices, conduits et cavités, méritant à cet égard
l'épithète de *cytodiérèses modelantes ou déformantes*
(par rapport à la forme spécifique).

27. *Un cas particulier des cytodiérèses non amphimixiques : les cytodiérèses néoformantes.* — Bien que
ce sujet doive comporter dans un autre ouvrage de
plus amples développements que la théorie présente
justifie, il n'est pas possible de négliger entièrement

ici, à propos de la multiplication cellulaire, ce que l'anatomie pathologique étudie, tout au moins chez les Vertébrés (et exclusivement chez eux d'après Metchnikoff) sous le terme générique de tumeurs vraies, c'est-à-dire où l'accroissement numérique des cellules constitue le phénomène anatomo-pathologique essentiel. Ce qui est dominant et tout à fait général dans les néoplasies, c'est la « déformation », la modification locale imposée à un organe ou un tissu et qui le fait dévier de la « forme spécifique » de cet organe ou de ce tissu, sans toutefois, naturellement, lui faire prendre une morphologie, une physiologie, une allure existant ailleurs dans la nature, c'est-à-dire dans une autre espèce.

Ce caractère nécessaire, quoique non suffisant est seul assez compréhensif pour rester vrai dans toute la série des néoplasmes depuis les teratômes jusqu'aux cancers proprement dits en passant par tous les intermédiaires des tumeurs bénignes. Productions s'éloignant du type des tissus de l'espèce sans ressembler davantage à ceux d'une autre, sont évidemment, par excellence, des productions « individuelles ». En fait de cellules, c'est difficile à prouver à cause de l'imprécision des caractères histologiques de chacune isolément : n'a-t-on pas pensé retrouver dans certains enchondromes des cellules étoilées du cartilage céphalique des Céphalopodes ! Quand il s'agit d'organes tout formés, la discussion n'est plus permise : aucune forme, ni macroscopique, ni microscopique de kyste ovarien ne reproduit un ovaire normal de quelque Mammifère ancêtre ou parent de l'homme ;

une corne cutanée n'est identifiable avec aucune des armures céphaliques des herbivores; les dents conoïdes et rudimentaires qu'on rencontre parfois dans les kystes dermoïdes sont toujours des dents humaines mal formées sans doute, mais qu'aucune autre espèce vivante ne porte sur sa mâchoire.

C'est en matière de tumeurs qu'il est surtout vrai de répéter qu'il n'y a pas des maladies, mais des malades, c'est-à-dire que chaque individu fait sa tumeur à sa manière : une pustule de variole, un furoncle, une pneumonie franche, type d'inflammation aiguë bien limitée et bien définie, conservent encore de nombreux points de ressemblance et parfois sont quasi-identiques chez les individus les plus divers : rien de plus variable, de plus capricieux, de plus expressément personnel, tant au point de vue de l'évolution clinique, des aspects anatomiques et microscopiques, rien de plus individuel, en un mot, qu'un cancer de l'estomac, un sarcome des membres, un fibrome utérin, un épithéliome cutané.

Cette caractéristique n'avait pas échappé aux anciens anatomopathologistes : à côté des tissus néoplasiques ayant leur « paradigme » dans les tissus adultes, ou altérés par l'inflammation, ou dans les tissus embryonnaires, ils avaient bien noté que les cancers les plus malins sont composés de cellules tellement atypiques, déformées et inclassables, qu'elles ne retrouvent plus leur paradigme histologique ni dans l'ontogénie ni dans les productions pathologiques.

On conçoit donc que dans ces divers éléments il y

aura prédominance de plasmas individuels — ou tout au moins une proportion de P. I. supérieure à la moyenne des cellules saines de l'espèce : cette constitution plasmatique se trouve vérifiée par deux caractères bien connus :

1° *L'hyperchromaticité des cellules cancéreuses partout décrite ;*

2° *La faible adhérence des cellules de carcinome les unes pour les autres.*

Un troisième ordre de preuves ressort de ce fait que la *courbe de fréquence des cancers épithéliaux* se rapproche d'une *courbe probable d'acquisition et d'accumulation, au déclin de l'existence, des P. I.* dont il sera question plus loin ; l'extrême rareté de réussite des inoculations ou greffes cancéreuses authentiques d'homme à homme plaide aussi dans le même sens (1) ainsi que les injections comparatives de tissu sain et de tissu cancéreux homologue (Roger, 1906), ce dernier se montrant constamment le plus toxique.

La théorie se doit à elle-même de situer aussi le

(1) Chez les Souris, les Rats, il en est autrement et la facilité des inoculations et immunisations (encore que la parenté y joue un rôle), avait fait naître des espoirs d'application à l'espèce humaine qui n'ont pas été justifiés. Un animal qui vit deux ans comme la Souris, doit avoir d'autres interactions entre ses plasmas formatifs que l'Homme qui vit 30 ou 40 fois plus vieux.

Chez l'Homme, l'observation de chaque jour, précisée dans une enquête poursuivie jadis par Guermonprez (1896), montre à l'évidence que ceux qui, par profession, manipulent du cancer pendant toute leur vie, et ce plusieurs fois par semaine, les chirurgiens, n'en sont pas plus souvent victimes que les autres, alors que les diverses maladies inoculables ne les épargnent pas.

processus néoplasique dans l'évolution physiopathologique de l'individu, d'indiquer par quelles relations simples il tient à certains problèmes (auxquels on sent obscurément depuis longtemps qu'il est lié) la croissance, la sénescence, la morphogénèse de l'adulte, l'entretien de la forme ; elle n'exclut nullement, ni l'explication de Conheim vraie dans nombre de cas, mais insuffisante pour les types extrêmes et pour les cancers expérimentaux, ni la possibilité de reviviscence de blastomères persistant dans les tissus de l'embryon (Bonnet, Roux, Bard, Wilms).

La transition avec l'inflammation ne doit pas être passée sous silence. On a vu que celle-ci provoque une altération locale, assez brutale et profonde du P. S., pour ne pas permettre le plus souvent une adaptation vitale, mais seulement physico-chimique des éléments intéressés : mais si cette altération est modérée, légère, ténue, aussi peu accusée que celle qui peut résulter pour un testicule ectopié de rester comprimé par les plans aponévrotiques de l'abdomen, et pourtant de longue durée, l'évolution ultérieure sera tout autre : échappées à l'influence régulatrice du P. S. normal, les lignées cellulaires successives arriveront à se muer en une espèce cellulaire nouvelle (Ménétrier) formée de plasmas inconnus jusque-là, Plasmas individuels par excellence (entendez, ce qui est surtout individuel et nouveau, *c'est la proportion réciproque des deux plasmas dans chaque cellule*, car il n'existe aucune cellule vivante ni partie d'un tissu vivant qui soit formée de P. 1. à l'état pur). De telles cellules pourront différer peu ou point par leur morphologie isolée des cellules normales, mais le vrai critérium sera leur arrangement différent, leur inaptitude à constituer par leur association des tissus normaux.

Ces cellules néoplasiques ont un autre caractère dominateur qui est générateur de leur malignité, de leur singulier pouvoir pathogène : c'est leur tendance à l'extension indéfinie, à la repullulation sur place et aussi la croissance incoercible des métastases. L'explication de cette multiplication des cellules néoplasiques est la pierre d'achoppement des théories non seulement du cancer, mais de toute biologie cellulaire ; or la théorie présente s'en accommode aisément : ces cellules, d'espèce nouvelle, de type chimique si original, sont incitées à se multiplier suivant le processus ordinaire, *pour s'adapter au milieu spécifique normal où elles sont plongées*. C'est toujours la dysharmonie chimique de l'édifice cellulaire vis-à-vis des plasmas ambiants, qui est à invoquer. Parviennent-elles à cette adaptation chimique au moins? Oui, dans certains cas, et il s'agit alors de tumeurs bénignes qui croissent un moment, puis s'arrêtent. Mais si leur type est tellement aberrant et atypique, que malgré un nombre important de lignées cytodiérétiques, elles ne parviennent pas à réaliser cet équilibre chimique : ce sont les tumeurs malignes.

Il existe, comme on sait, tous intermédiaires entre les deux, aussi bien comme type histologique que comme évolution clinique. Les tumeurs qu'on a en vue jusqu'ici sont donc formées de *cellules où il y a exagération des P. 1.*, c'est-à-dire proportion de

P. I. ne correspondant pas à l'âge du reste du soma, ou bien encore une sorte de vieillissement localisé de l'organe ou du tissu : chez les vieillards cancéreux, il s'agit donc d'une inégalité de vieillissement.

Mais ne peut-il exister des productions pathologiques néoplasiques par insuffisance ou pénurie de P. I. et exagération de la proportion du P. S. ? Si de telles tumeurs existent, elles doivent se rencontrer de préférence à l'âge où les P. I. jouent encore un rôle effacé, c'est-à-dire pendant l'embryogénèse ou les débuts de l'existence.

Tel est bien le cas en effet, des tératomes ou tumeurs tératoïdes, ordinairement congénitales, et peut-être des sarcomes qui sont les tumeurs les plus fréquentes de l'enfance. Les premiers donnent des productions étranges, de complication variée, mais toujours formées d'une association non-viable de tissus ou d'organes humains, c'est-à-dire de substance spécifique reconnaissable, mais non organisée, à qui manque la mise en œuvre, la mise en place.

Et nous sommes ainsi amenés à envisager une dernière éventualité, celle où ces productions pathologiques auraient, comme cause originelle, l'insuffisance des plasmas amphimixiques, de l'un ou de l'autre des géniteurs. Théoriquement, cette déficience est très admissible, qu'elle porte sur l'insuffisance d'apport chromatique paternel ou maternel, ou même sur l'absence de chromatine mâle. Il y a longtemps que M. Duval, Répin ont rapporté à cette origine parthénogénétique certains tératomes et kystes dermoïdes qu'on rencontre parfois dans l'ovaire des filles vierges (1).

28. 2° *Cas particulier des cytodiérèses non amphimixiques. Les produits de la parthénogénèse expérimentale.* — Nous ne sommes pas en état de vérifier positivement si la parthénogénèse, quels qu'en soit le mécanisme et le résultat, existe vraiment chez l'homme et les mammifères supérieurs. Nous savons seulement qu'elle est un mode de reproduction normal chez certains types d'invertébrés, et des expériences, à présent nombreuses et retentissantes, ont permis d'en rendre la possibilité manifeste chez de nombreux animaux à fécondation extérieure pas très éloignés de nous dans la systématique (Batraciens, Poissons). On n'a pas à en faire l'exposé ni la critique, qui dès à présent remplirait un gros volume sans conclusion définitive.

Mais l'impression qui s'en dégage est loin d'être favorable à la notion de la spécificité du spermatozoïde, et vient à l'appui, dans son ensemble, de la

---

1. M. Delage s'est demandé récemment si des hommes semblables aux autres, vivants et normaux, ne pourraient pas devoir leur naissance à une telle imprégnation insuffisante ou nulle. Il est douteux que l'amphimixie qui doit être si ancienne dans les phylogénies dont nous sortons, puisse tolérer de semblables approximations dans des types d'une organisation si élevée. On verra au dernier chapitre que si l'action dynamique de chaque géniteur, peut, exceptionnellement, être très inégale, une fois l'amphimixie cytologique achevée, les lois de l'hérédité nous obligent à admettre que les apports plasmatiques sont « homodynames ». La science moderne, en matière de parthénogénèse humaine ne semble pas inclinée à confirmer les effets merveilleux que lui attribuèrent certains mythes antiques : dans notre espèce elle doit produire plus souvent des monstres que des surhommes.

thèse ici défendue dès les premières pages. Des substances chimiques assez variées déclanchent la segmentation de l'œuf et celle-ci se poursuit plus ou moins loin, *tant qu'il y a du Plasma spécifique à mettre en œuvre*, et il peut y en avoir beaucoup si l'œuf est volumineux et si le milieu nutritif est favorable. La plupart des expérimentateurs n'ont pu réussir à amener ces larves jusqu'à la forme adulte (1), et les descriptions données de ces produits les signalent plus petits, chétifs et comme diminués dans leur vitalité. Ces expériences serviront de transition un jour pour expliquer les cycles parthénogénétiques naturels, au cours desquels la fécondation normale vient toujours s'intercaler à un moment ou un autre.

Mais il y a un point de technique qui mérite de retenir l'attention : on ne voit mentionné, ni dans le livre de Loeb (Fécondation chimique) ni dans les comptes rendus de M. Bataillon, que les œufs en expérience aient été isolés et traités séparément, ni surtout que des précautions aient été prises pour que les œufs d'une autre femelle (autre individu), ne viennent pas au contact de ceux soumis aux diverses manipulations de la parthénogénèse expérimentale.

Or, la théorie présente admet comme possible, quoique non obligatoire, *que la chromatine d'un œuf*

---

1. M. Delage a néanmoins obtenu des oursins parthénogénétiques adultes, c'est-à-dire pourvu d'organes sexuels, mais ils n'ont pas jusqu'ici donné entre eux de produits viables. M. Bataillon sur 10.000 œufs de grenouille rousse ponctionnés a obtenu environ 120 éclosions et parmi celles-ci 3 têtards seulement ont pu être conduits jusques à la métamorphose.

d'un autre individu femelle puisse se comporter comme un spermatozoïde, dans une certaine mesure, *vis-à-vis de l'œuf mûr d'une autre femelle donnée* (1).

Y a-t-il là une explication des réussites de parthénogénèse par simple ponction ? Tous les types de couples de gamètes [1] [2] [4] [5] [6] de la figure 1 (p. 33) pourraient donner ce résultat, et aboutir ainsi non seulement à des larves, mais même à des adultes, comme le prouve l'histoire de la « grenouille sans père » du laboratoire de Loeb (1913).

Il est même admissible que deux œufs de la même femelle, œufs d'âges différents par exemple, puissent jouer entre eux ce rôle de gamète mâle, sans aboutir toutefois à des produits viables comme dans le cas précédent. M. Bataillon ne signale pas en particulier que des précautions aient été prises pour empêcher le liquide surnageant de réaliser cette amphimixie « homomixique » par le transport des plasmas épars d'un œuf perforé à l'autre.

Les mêmes réserves sont valables pour tous les cas où l'on use de produits cytolytiques, favorisant également certaines intercommunications plasmatiques consécutives.

Et sans doute, si l'expérimentation pratiquait de propos délibéré et réussissait ces fécondations entre gamètes femelles complets, émanés du même soma femelle ou de somas distincts, la théorie présente en recevrait un précieux appui : mais dans la négative,

1. Ainsi Zur Strassen (cité par Delage) a observé le développement de deux œufs d'Ascaris fusionnés l'un avec l'autre.

elle n'en serait pas *ipso facto* renversée, car il peut se produire, au cours des phylogénèses, par suite de la division du travail et du partage plus ou moins égal du matériel plasmatique entre chaque gamète, de telles spécialisations qu'il n'y ait pas interchangeabilité de l'un à l'autre.

On s'en rendra compte à la lecture du dernier chapitre où est examinée la constitution de l'œuf fécondé.

CHAPITRE IV

LES COURBES DE L'ONTOGÉNÈSE

29. *Croissance, état adulte, sénilité.* — Nous
sommes en possession à présent des éléments maté-
riéls dont la combinaison suffit, chez les types animaux, de beaucoup les plus nombreux, où l'amphimixie est à l'origine de l'ontogénèse, à tracer les
courbes de l'évolution individuelle.

Ces trois courbes superposées les unes aux autres,
suivant l'importance, « dans le temps » des plasmas
dont elles sont la représentation, peuvent réciproquement et absolument être soumises à toutes les
variations de longueur, de courbure et d'inclinaison
qu'on imaginera et fournir ainsi des représentations
graphiques innombrables de la répartition et de l'importance des plasmas formatifs suivant les types
vivants. Le schéma présent s'ajuste au type probablement très repandu où les plasmas amphimixiques
sont annihilés dans l'ensemble du soma, avant que
la croissance spécifique soit achevée ; on pourrait,
en prolongeant un peu leur pointe terminale jusqu'à
ce que la courbe de la forme corporelle devienne

pour un temps une horizontale, faire coïncider leur anéantisssement avec l'arrêt des cytodiérèses formatives, conjoncture qui peut se rencontrer dans la nature, et à la faveur de quoi la transmission des ressemblances avec les géniteurs doit être maxima. Quoi qu'il en soit de ces variantes dont la détermination seule représenterait une œuvre de longue haleine et qui sont liées au problème du volume et de la longévité spécifique du type vivant envisagé, il arrive constamment qu'à un certain moment, *ces courbes, après avoir été ascendantes, puis parallèles à l'horizontále, s'inclinent vers la ligne des abscisses et viennent s'y confondre*, c'est-à-dire que chez tout être vivant, l' « obsession » du milieu cosmique hétérogène finit à la longue par marquer son influence dans la constitution du P. S., par le forcer et l'adultérer, quel que soit le perfectionnement du mécanisme de la synthèse digestive qu'on étudiera plus loin : il y a déjà longtemps que les chromatines cellulaires sont toutes de synthèse et n'ont plus rien conservé des plasmas des géniteurs : les cytoplasmes eux-mêmes s'altèrent irrégulièrement, sporadiquement, suivant le degré de différenciation de chaque tissu.

Les cytodiérèses fonctionnelles ou dégénératives ne s'arrêtent en effet à aucun moment de la vie, mais elles portent, comme on le verra, tout au moins chez l'adulte sain, sur certains tissus à l'exclusion de certains autres. Car l'action des ingesta et des circumfusa ne se suspend non plus à aucun moment.

Parmi les circumfusa, il peut se rencontrer les causes innombrables de traumatismes mécaniques

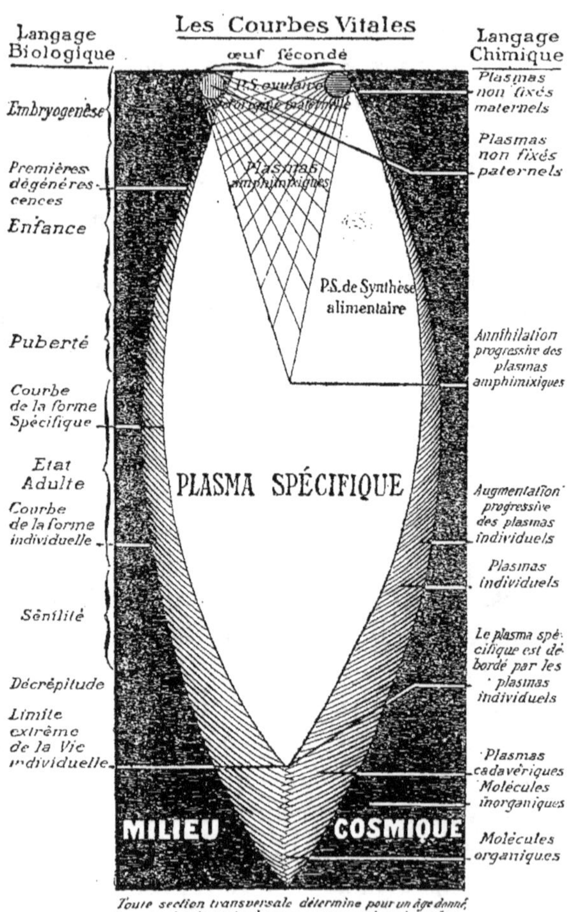

Fig. 2. — Les courbes vitales.

ou physiques, d'action chimique ou des irruptions parasitaires assez violentes pour que la courbe des plasmas spécifiques subisse une cassure et s'infléchisse verticalement jusqu'à la ligne des abscisses : il s'agit d'accident cosmique ou de maladie mortelle et rapide.

Mais leur action, pour être sournoise et insensible, n'en est pas moins quotidienne, permanente et irrémédiable : le P. S. pur s'altère et devient, avec l'âge, un plasma « spécifico-individuel » qui mériterait le nom d' « idioplasma » (si Nœgeli n'avait employé ce terme dans une autre acception), et c'est à ce nouveau plasma que chaque cellule de l'adulte est amenée à s'adapter, si elle n'y est déjà. *La pansclérose des tissus des vieillards est l'indice que la déviation physico-chimique du milieu intérieur est déjà assez notable* pour susciter, au lieu des cytodiérèses discrètes et sporadiques du soma de l'adulte, ces *innombrables foyers de cellules embryonnaires qui encombrent tous les organes* et entraînent, progressivement et inéluctablement, l'insuffisance fonctionnelle des tissus et des organes, sans qu'aucune lésion caractérisée les ait séparément endommagés.

Nulle apparence, dans tout ce cycle, que chaque cellule poursuive individuellement, comme but, l'intérêt général de l'organisme : elles obéissent, suivant leur différenciation, aux incitations venues de l'extérieur, sans égard pour ce qui se passe plus loin ; elles y obéissent même si l'organisme n'existe plus comme ensemble, car on a maintes fois signalé la persistance ou la continuation des cytodiérèses dans divers tissus même après la mort somatique (1) ou après qu'ils ont été séparés de l'organisme nourricier. Les récentes et retentissantes expériences de Carrel montrant la possibilité de cultiver des tissus variés en des plasmas artificiels appropriés, apportent une confirmation originale de ce qu'on avance ici sur la vie cellulaire autonome : la théorie présente permettait pour ainsi dire d'en prévoir la réussite.

30. *La Mort.* — Enfin, l'abondance des plasmas individuels finit par devenir telle, dans les plasmas circulants et dans les cellules, que la morphologie ni la physiologie spécifiques ne peuvent plus persister.

La mort ou désorganisation de la substance organisée est due à la *Transformation brusque ou progressive des plasmas spécifiques en plasmas individuels*, lesquels méritent dès lors, pour un temps (tant qu'il persiste quelque souvenir de la forme spécifique), le nom de « plasmas cadavériques » ; puis ceux-ci se confondent bientôt avec les substances organiques puis inorganiques ambiantes : alors que le plasma spécifique est fixe comme composition et bien limité dans l'espace, les plasmas individuels et surtout les plasmas cadavériques sont innombrables et de constitution indéterminée, comme les causes nocives (2), comme les conditions de la mort elle-même, et ne s'agrègent en aucune forme biologique déterminée.

1. Chantemesse et Podwyssodsky prouvent par des coupes sériées que les mitoses ébauchées s'achèvent après la mort somatique. Launoy, Joly (1910) signalent d'abondantes mitoses dans les tissus de cadavres, spécialement dans le foie.

2. Il est de toute évidence que les cadavres d'un individu empoisonné

Seulement, chez les animaux supérieurs et chez l'homme, l'existence d'un système nerveux et surtout d'un système circulatoire centralisés, impose à ce passage un aspect particulier, se traduit par un hiatus, un saut, qui est comme la rançon de la supériorité du type. C'est cela seulement qui empêche la transition des plasmas spécifico-individuels aux plasmas cadavériques, d'être graduellement insensible.

Il faut donc prendre son parti que même la mort naturelle du vieillard décrépit paraisse quelque chose de surajouté à la sclérose généralisée qui est la figure histologique de la prépondérance des plasmas individuels. La suspension périodique et journalière des fonctions psychiques, par rupture temporaire des connexions interneuroniques cérébrales, devenue cette fois définitive, n'est chez l'homme que le signal de la mort sociale : la cessation du rythme circulatoire est, au contraire, la marque reconnue de tout temps de la mort somatique.

Mais chez certains animaux inférieurs et plusieurs végétaux arborescents, cette désorganisation de la

par l'arsenic, d'un tuberculeux mort de consomption, d'un asphyxié par l'oxyde de carbone, d'un saturnin encéphalopathe, d'un paludéen mort d'accès pernicieux, présentent entre eux de plus grandes différences et d'ordre chimique, facile à caractériser, que celles qui auraient pu être décelables, alors qu'ils vivaient encore, par exemple au début de leur affection ou de leur intoxication.

Tous sont morts en fin de compte par « exagération de leur chimisme individuel » imposé par le milieu extérieur, comme le rappelle la phrase de Lamarck si suggestive pour l'époque : « Tout ce qui environne les êtres vivants tend à les détruire (1808). »

matière organisée est à souhait graduelle, insensible et progressive : elle peut même équilibrer pendant une durée fort longue l'organisation elle-même et aboutir alors à ces productions végétales extraordinaires comme volume et comme âge, qui sont les arbres pluriséculaires.

Il est vrai que l'individualité somatique est à peine en cause dans le règne végétal où les cellules ont une existence personnelle bien plus indépendante que chez l'animal : l'envahissement de la zone protoplasmique périphérique par les celluloses insolubles et leurs polymères, marque en effet le passage de la matière organisée vivante à la matière organique morte : toute cellule végétale y vient à son tour, mais leur association conserve néanmoins, pour des raisons d'ordre plutôt mécanique et physico-chimique que biologique (lignification annuelle et ascension indéfinie de la sève) l'apparence d'une quasi-pérennité.

Telle est l'interprétation simple de la mort naturelle qui découle avec la plus grande aisance de la théorie du plasma spécifique, et à laquelle le graphique ci-contre donne la netteté d'une épure géométrique. La mort survient au plus tard quand les plasmas individuels débordent le plasma spécifique, mais d'ordinaire bien avant ce point critique idéal, suivant les types et déjà quand un certain rapport des P. I. aux P. S. se trouve renversé.

La nécessité de l'intercalation de la Mort individuelle dans le cycle de la Vie Universelle a embarrassé maint des plus habiles Théoriciens et dans les ouvrages de Biologie ce chapitre épineux est le plus souvent écourté, comme si, dans son explication même, la Mort restait encore l'un des deux objets de ce monde qui « ne se peuvent regarder fixement ».

CHAPITRE V

Aperçus d'organogénèse. Les causes actuelles

Sans prétendre fonder ici en quelques pages une
« mécanique de la croissance » qui serait matière
d'un gros ouvrage, il faut pourtant que la présente
étude apporte sa contribution d'exemples topiques
de la part des actions automatiques exogènes sur ce
développement lui-même, sur ces massifs cellulaires
dont les pages précédentes ont tenté d'élucider l'irrésistible « nisus formativus ». Ces massifs sont en
effet soumis à diverses forces qui ne manquent pas
de s'exercer à un moment ou à l'autre, et jamais indé-
pendamment ni à l'état de pureté : un groupe cellulaire refoulé au centre d'un massif subira de la part
des cellules extérieures non seulement une certaine
compression mécanique, mais pâtira dans sa nutrition de la filtration et de la dénaturation que les plasmas circulants auront à subir au passage : la forme
tourmentée, enchevêtrée des organes non doués de
mobilité autonome, atteste dans une certaine mesure la réalité de cette « lutte des parties » dont
W. Roux a fait le pivot de ses études embryogéniques.

Mais de toute façon, une étape commande la suivante, et de minimes déviations originelles devien-
dront les monstruosités d'un produit plus âgé.

31. *Le muscle seul tissu actif et modeleur.* — Dans les colonies animales, auxquelles s'est limitée la présente étude, la fonction primordiale qui domine et asservit les autres, qui est la raison d'être des autres, c'est le mouvement. Ce sont des colonies « mobiles ». C'est la fonction musculaire qui a commencé ; c'est elle qui a libéré et libère à chaque instant la matière vivante de son asservissement aux forces cosmiques, à la pesanteur et à la force centrifuge : c'est pour son jeu, son rythme, son perfectionnement que toutes les autres fonctions sont apparues et ont « fait » les organes, chacun à son tour et à sa place ; et que les corps des animaux ont atteint cette complication anatomique et physiologique que nous commençons à peine à démêler.

Au commencement, disait Gœthe, était l'action. Il faut ajouter aussitôt « l'action coordonnée », c'est-à-dire la synergie des mouvements, laquelle dépend de l'association quasi indissoluble et presque partout vérifiée, du muscle et du système nerveux.

Mais pourquoi accorder cette primauté, en fait de biologie animale, au mouvement, à la cellule mobile ? Est-ce pour pouvoir se déplacer à la recherche de l'aliment ? Sans doute, mais c'est là une fonction déjà tardive et perfectionnée.

La raison profonde de cette importance du mouvement, et surtout du mouvement rythmique et synergique, c'est la nécessité du transport, de la mobilisation et enfin de *l'uniformité de distribution des liquides* nutritifs, et naturellement, avant tout, ou plutôt, avec tout, du plasma spécifique.

Ainsi s'explique la précocité d'apparition de l'organe propulseur, malaxeur et diffuseur, « primum oriens », le cœur, qu'on voit battre déjà dans l'œuf de poule avant la fin du premier jour de l'incubation et qui bat avant d'exister à l'état d'organe. C'est ce qui se meut rythmiquement qui deviendra un cœur.

Pas de cœur, pas d'embryogénèse. Dareste l'a montré par l'exemple topique des monstres anides, chez qui le cœur est arrêté dans son développement et qui restent à l'état de masses hétéroclites et informes de tissus non disposés en organes reconnaissables et en particulier dépourvues de cerveau. Il est donc juste de montrer en premier lieu son pouvoir modeleur si précoce chez les animaux élevés en organisation comme l'homme, où il est, relativement au reste du corps, sept fois plus volumineux chez l'embryon que chez l'adulte.

Il ne faut pas toutefois s'empresser de dire « donnez-moi un cœur bien constitué et du P. S. en quantité suffisante et je vous ferai un être vivant ». Synergie indispensable mais schématique et insuffisante pour saisir la formule dynamique du modelage d'un embryon : il faut lui ajouter les innombrables et indéterminables variantes de résistance de toute sorte qui constituent la réaction par rapport à l'action cardiaque, d'où ces remous précoces qui se traduisent en invaginations, évaginations, délaminations, presque aussi spécifiques que les plasmas qu'elles mettent en œuvre.

Rien de plus banal que de constater que le cœur conserve toute la vie cette primauté : chez les vertébrés, il a encore, s'il est possible, accru son importance, puisqu'il a accaparé et confondu avec la fonction primordiale de disséminateur du P. S., celle encore plus intolérante de la moindre perturbation, de pourvoyeur de l'oxygène pour l'organisme entier. Aussi les vieux anatomistes, qui avaient le coup d'œil d'ensemble, ont admiré comme il convient sa position centrale et l'aisance de son jeu dans le médiastin et comment, refoulant les divers organes plus passifs qui l'entourent, il s'y est creusé son lit, cependant que le double mouvement d'expansion et de torsion imposé par sa forte musculature, le défend de subir en retour aucune notable pression. Qu'il soit constitué d'une étoffe musculaire exceptionnelle comme qualité, confinant presque à l'idéal au point de vue du rendement, puisqu'il est infatigable ou du moins se contente de brefs repos insuffisants pour tout autre type musculaire ; qu'il soit assuré d'une irrigation lymphatique d'une richesse inusitée, sont encore deux caractéristiques qui le situent dans l'organisme à part, non seulement des autres muscles, mais de tous les organes.

Les colonies animales mobiles, présentent une autre caractéristique, d'ordre humoral, celle-là, et qui les distingue nettement des végétaux : c'est l'existence d'un milieu intérieur salé, lequel ne s'accommode que d'une concentration moléculaire uniforme (1). Le végétal n'a pas de concentration mo-

---

1. Il y a une autre raison à cette corrélation entre l'existence du muscle et le milieu salé : elle est d'ordre physico-chimique et a été bien mise en lumière par R. Höber : ses expériences prouvent que les solu-

léculaire d'une pareille fixité : il y a bien chez lui déplacement, transport des hydrocarbures et des albumines formées par photosynthèse, mais non circulation véritable ; c'est-à-dire que le liquide change, chez le végétal, à mesure qu'il circule. De même, chez les végétaux il existe aussi des mouvements au sein du protoplasme, mais sauf exception, ils ne sont pas synchrones d'une cellule à l'autre : *synchronisme et coordination motrice caractérisent au contraire les mouvements des animaux.* Chez ces derniers, les hydrocarbures au lieu de se déposer, s'immobiliser, se précipiter, servent au contraire essentiellement de combustibles moteurs : chez le végétal, ces mêmes substances, une fois déposées, molécule à molécule, emprisonnent, puis étouffent le protoplasme vivant, et contribuent par leur accumulation, leur polymérisation progressive et leur durcissement, à effacer les dernières traces de la mobilité.

Le muscle étant donné, voyons dans quelle mesure son existence conditionne celle des autres tissus.

Il faut d'abord considérer la fibre musculaire, la cellule musculaire comme un élément très délicat, tout au moins pendant l'embryogénèse, et si on passe l'expression, très « exigeant » sur les conditions de différenciation : *ce qui se meut devient muscle. Ce qui*

---

tions de NaCl rétablissent la contractilité, suspendue par des poisons divers, du nerf et du muscle de Grenouille, du cœur de Tortue, de l'appareil contractile des Méduses. Il conclut que parmi ses fonctions l'ion sodium préside à la contraction musculaire dans la série animale. (A la condition, ajoute Ringer, d'être associé à Cl et à Ca.)

n'est pas gêné ni contrarié dans sa mobilité devient muscle ; ce qui est gêné et contrarié devient autre chose, nous verrons quoi et comment. A l'origine, quand les blastomères sont, ou semblent équivalents, il est fréquent d'observer leur mobilité et de les voir se déplacer les uns par rapport aux autres. Puis surviennent ces remaniements qui dans des millions et milliards de cellules en lutte pour l'aliment, pour l'oxygène, pour la place, ne peuvent manquer d'établir, par simple conséquence de leur topographie, des catégories, des classes : il est fatal que parmi elles certaines soient privilégiées, d'autres avantagées, d'autres enfin sacrifiées : et ces distinctions, inaugurées dès l'embryogénèse, accentuées à l'heure de la différenciation histologique, persistent toute la vie. Voilà comment l'étude de la fonction musculaire nous amène à signaler dès maintenant les trois grands groupes dans lesquels doivent se ranger tous les éléments du corps des animaux :

Le tissu actif et modeleur, le muscle ;

Des cellules et tissus à topographie désavantagée ;

Des cellules et tissus à topographie privilégiée.

Pour en finir avec le muscle, constatons seulement, en ce qui concerne sa topographie par rapport aux autres tissus, les deux conditions suivantes, qui découlent du reste l'une de l'autre : le muscle typique, pour rester tel et conserver ses aptitudes contractiles et sa structure, *doit baigner constamment et par toutes ses parties dans le milieu intérieur* nourricier, véhicule d'oxygène et des combustibles ternaires. Son irrigation sanguine, artérielle et veineuse est toujours largement assurée par un réseau vasculaire caractéristique.

2° Il en résulte que le muscle peut se rencontrer partout excepté au contact immédiat du milieu cosmique, soit extérieur, soit cavitaire (1). Ce que l'on a dit de sa nutrition si exigeante explique cette restriction topographique, mais son origine peut être, comme on sait, aussi bien ectodermique que mésodermique.

32. *Genèse des points d'appui du muscle.* — De l'existence du muscle dépendent certaines formations, très importantes chez les animaux à existence aérienne et où l'on soupçonne déjà les « causes actuelles » d'avoir une part constructive prépondérante.

Au cours de l'embryogénèse il se produit forcément, chez le mammifère par exemple, par la circulation des plasmas maternels, des apports salins en quantité supérieure aux besoins des massifs cellulaires en formation — d'où menace, si ces sels se précipitent, d'encombrement par des substances insolubles, dont la présence peut être un véritable danger pour le milieu intérieur — en même temps qu'une gêne à la mobilité, pour les colonies animales mobiles. Pour chaque type vivant, chez qui la solubilité des sucs nutritifs est une condition fondamentale, le problème se pose tôt ou tard, d'éliminer ces résidus insolubles, ou mieux encore, si possible, de

---

1. Lorsque la cellule contractile, de quelque feuillet qu'elle dérive, devient épidermique, elle peut parfois conserver sa contractilité et même ses connexions nerveuses (Prenant), mais alors elle prend les attributs de la cellule pigmentaire.

les utiliser. De cette nécessité, chacun s'accommode plus ou moins bien suivant la supériorité du type.

Le polypier hausse et multiplie ses bourgeons protoplasmiques pour sortir de l'excrétion calcique résiduelle des générations précédentes : mais celle-ci est si débordante qu'elle retient prisonnier l'animal, qui reste mobile mais enraciné.

Un degré de plus et nous assistons à l'effort mieux récompensé de l'organisme mobile pour se libérer de cet encrassement de la matière vivante par les éléments de la lithosphère : cette fois le prisonnier emporte sa prison. Il s'agit du Gastéropode qui se sert à peine de sa coquille comme point d'appui musculaire : comme il a dû, depuis son jeune âge, repousser à l'extérieur ce calcaire excrémentiel et surabondant, il en est résulté la spire cochléaire creuse que tout le monde connaît et dont la dernière loge est la seule actuellement habitée : or, divers intermédiaires se rencontrent entre l'insignifiante plaque calcaire évidemment excrémentielle que l'Arion porte sur le dos et les coquilles les plus logeables des Gastéropodes supérieurs.

Enfin les Vertébrés ont inauguré ce procédé élégant d'utiliser de bonne heure leurs excédents calciques, et ce, à une période du développement où il leur est difficile, sinon impossible de les excréter. Ils vont les déposer en amas intérieurs par rapport aux massifs cellulaires en croissance, amas qui vont s'accroître et serviront plus tard de point d'attache et d'appui aux muscles : ce sont les os.

Ces dépôts calciques ne se font pas au hasard : ils

vont être orientés et modelés par le voisinage et l'excitation fonctionnelle des muscles dès les premiers stades de la croissance. Le muscle *se meut en effet avant d'être strié* : ici non seulement la fonction fait l'organe, mais elle le dessine histologiquement : or, les expansions de ces masses cellulaires à mouvements synchrones et rythmiques, déterminent de bonne heure l'individualisation de faisceaux. Entre ceux-ci s'étendent :

1° Des zones de frottement, de clivage aux dépens desquelles se différencie (comme l'ont depuis longtemps montré Rathke puis W. Roux) le cartilage ;

2° Des zones d'immobilité, d'interférence des ondes mobiles, où vont se déposer, plus ou moins passivement les sels insolubles qui fourniront le matériel rigide de l'os (1).

33. *Tissus et cellules à topographie désavantagée.* — Avec les muscles, les os et les cartilages, nous avons mis en place l'armature élastique et énergique : constituant la plus grosse masse pondérale du corps des animaux, elle est en même temps la seule portion active et résistante. Il est inévitable qu'elle va refouler, comprimer et modeler tous les autres tissus qui ne possèdent pas sa consistance ni sa puissance réactionnelle. Ces autres tissus à topographie désavantagée sont les glandes et les épithéliums de toute nature.

---

1. Cette genèse se retrouve, encore qu'atypique et irrégulière, après certains traumatismes, qui, détruisant le muscle par places, créent des zones d'immobilité forcée : dans ces régions se déposent, par noyaux informes, des sels calciques qui sont ainsi l'origine des « ostéomes traumatiques » ou post-inflammatoires.

Les glandes et les épithéliums (ceux conservant chez l'adulte la fonction épithéliale) sont des tissus qui non seulement à leur origine embryonnaire, mais actuellement et pendant toute l'existence, portent la marque des compressions, refoulements et remaniements, qu'ils ont subi ou subissent encore de la part de l'armature musculo-osseuse, actions combinées avec les réactions des liquides circulants incompressibles, c'est-à-dire avec l'impulsion cardiaque plus ou moins lointaine et amortie.

Ces traces se retrouvent aussi bien dans l'aspect macroscopique que dans les coupes microscopiques de ces tissus et organes.

Le Foie est modelé et même laminé à gauche entre le diaphragme, les conduits intestinaux et la paroi thoracique, costale et musculaire. La Rate, comprimée entre la même paroi gauche, l'estomac à expansions périodiques et l'intestin à divers stades de réplétion, n'a même pas de place pour un canal excréteur. Le Pancréas a dû sous les mêmes influences s'effiler en une languette tortueuse.

Le Rein, certes, conserve une certaine consistance parce qu'il est périodiquement distendu par la poussée hydrostatique à laquelle tout doit céder : comme il le fait bien voir à ses annexes, les Capsules Surrénales, glandes molles refoulées de toutes parts, tassées, amenuisées en un petit organe cunéiforme dépourvu de canal excréteur.

Faut-il mettre en évidence quel degré d'angustie est la condition normale des Glandes salivaires, appuyées aux plans osseux immuables des mâchoires et soumises à une véritable expression, par le voisinage et l'action périodique des puissantes masses musculaires masticatrices? Ces glandes émiettées dans le plancher buccal ne trouvent un peu d'aisance que sous la langue et immédiatement contre la muqueuse.

La Thyroïde, prise entre le double conduit œsophago-trachéal presque rigide, et les aponévroses cervicales, s'est coulée comme cire le long des deux gouttières latérales où la pression est moindre. Seul un pont ténu de substance glandulaire unit les deux moitiés : impossible aussi à cette glande de trouver passage libre pour un canal excréteur.

La destinée du Thymus est la meilleure illustration de la théorie de la lutte des organes de W. Roux : il est purement et simplement étouffé pendant la croissance.

A la toute puissante, envahissante et imperturbable machine cardiaque et à ses annexes vasculaires qui vont grandir et grossir, il faut avant tout de la place : et comme le thorax s'ossifie d'autre part et limite la place en avant, le tissu glandulaire n'a plus qu'à disparaître. Sa régression est comtemporaine chez l'homme du début de la respiration autonome et le déplissement du poumon doit aussi avoir sa part dans cet étouffement sans merci. Les corpuscules de Hassal, formes épithéliales d'involution rappelant le processus de l'épidermisation qui, lui, est évidemment d'ordre mécanique, sont les témoins histologiques de cette résorption d'un organe sacrifié, et auquel pourtant les finalistes n'ont pas renoncé à l'espoir d'attribuer quelque jour une « fonction ».

Si on se reporte à certains stades de l'embryogénèse, ces ébauches et disparitions d'organes sont la
règle. On peut vraiment parler alors sinon de lutte
pour la vie, mais de lutte pour la place. Muscles mis
à part, c'est le plus dur, c'est-à-dire le plus turges-
cent, le plus vasculaire qui doit l'emporter. Ainsi disparaissent sans traces visibles le pronéphros, le
mésonéphros, et à part quelques reliquats, le corps
de Wolf (1).

Ces descriptions macroscopiques sont faciles et
présentes à la mémoire de tous.

Les coupes sont tout aussi suggestives. On sait
que les glandes en grappe ou en tube sont remaniées
et refoulées par le mésoderme, c'est-à-dire au fond
les vaisseaux, c'est-à-dire toujours l'impulsion cardiaque. Ailleurs ce sont les muscles de la vie organique qui interviennent, comme dans la peau, où les
muscles peauciers plus ou moins enveloppants suivant les espèces, obligent les glandes sudoripares à
se recoqueviller en un glomérule pelotonné.

Plusieurs glandes (salivaires, sébacées, pancréas)
présentent des lobules à coupe cunéiforme; ailleurs
ce ne sont plus les lobules mais les cellules elles-
mêmes qui sont cunéiformes (croissants de Gianuzzi).
On sait assez comme l'architecture des travées hépa-

---

1. Il faut du reste se représenter ces interactions tissulaires, modelantes à la longue des glandes, comme se réalisant avant tout, au cours
de chaque embryogénèse, pour seulement se maintenir et se préciser dans
l'anatomie du fœtus et de l'adulte. C'est une vision d'ensemble d'actions
mécaniques indéfiniment répétées, extrêmement anciennes dans la phylogénie, aussi anciennes que le type vertébré par exemple, et se transmettant avec la même fidélité que les plasmas formatifs, qu'on donne ici.

tiques est instable et comment leur forme même
dépend étroitement des variations de pression du
système porte ou sus-hépatique : il faut si peu de
chose pour amener la « dislocation » de cette travée
hépatique !

Inutile de s'appesantir sur les influences mécaniques partout décrites, qui aplatissent les endothé-
liums et « accomodent » les unes aux autres les cellules des épithéliums cubiques ou cylindriques : mais
on ne doit pas perdre de vue que si à l'origine, et
dans les glandes abondamment vascularisées, la gêne
est purement mécanique (type foie et rate), il y a lieu
de faire intervenir pour *les autres glandes et les épithéliums de recouvrement, une part d'asphyxie relative par éloignement des anses vasculaires et la contrainte à vivre dans un milieu artificiel, placé aux
confins des plasmas circulants* (1).

Il y a donc nécessité pour ces cellules de s'adapter incessamment à ce milieu chimique nouveau,
changeant lui-même à la longue, d'où les cytodiérèses
fonctionnelles, ayant comme aboutissant ultime pour
les glandes holocrines ces dégénérescences physiologiques que l'organisme utilise ensuite comme il
peut (gl. sébacées, mammaires, sudoripares) et parfois n'utilise pas. Quant aux autres cellules glandulaires, il est probable qu'elles ne sont mérocrines
que dans un premier stade, seul visible sur une coupe
d'ensemble ; et que dans le deuxième stade, la por-

1. Ces plasmas, le sang et la lymphe sont un mélange variable suivant
les digestions et le segment circulatoire envisagé de P. I. de P. S. en voie
de synthèse ou de désagrégation, enfin de substances étrangères variées.

tion restante (ou régénérée, si toutefois la chose est possible pour une cellule somatique) s'évacue ou se dissocie à son tour. Les glandes mérocrines seraient donc holocrines aussi, mais à la longue ou en deux temps, ou en plusieurs temps, comme l'enseignait Virchow. On sait d'ailleurs que chez les végétaux, où la recherche de la filiation cellulaire est simple, il n'existe que des glandes holocrines.

Aux confins du milieu cosmique et dans ce milieu lui-même, de très importants groupements cellulaires peuvent, sinon prospérer, du moins se maintenir, et rester adhérents entre eux dans un certain sens.

Que les replis papillaires du derme prolifèrent continuellement par plages limitées, ils feront saillir des éminences constituées de cellules épidermiques, de plus en plus éloignées des vaisseaux, c'est-à-dire du plasma nourricier ; mais si ces cellules, encore que dégénérées, conservent une adhérence suffisante, il en résultera de larges tractus indéfiniment prolongés par la croissance basale : telle est la genèse des poils.

Il est curieux que chez les végétaux, les poils soient formés de cellules encore vivantes, tandis que chez les animaux, ces productions ectodermiques incessamment exfoliées, sont simplement des différenciations de plasmas cadavériques (kératine, albumines deshydratées) donc, tout à fait homologues comme origine des tissus de soutien végétaux (lignines, subérines, celluloses).

Cette différenciation en poils, organes de calorique

étant très ancienne dans la phylogénie (les premiers Mammifères ou Pilifères datent au moins du tertiaire inférieur) a pu donner prise à la sélection naturelle et être entretenue et améliorée par elle. On sait comment les Oiseaux ont profité d'une accentuation encore plus marquée de cette évolution des phanères, devenues chez eux des plumes, organes de calorique à l'origine et chez tous, organes de sustentation aérienne chez un grand nombre.

On saisit ici encore, comme tout à l'heure pour l'ossification et les glandes, un cas d'*utilisation par l'être vivant d'une dégénérescence obligatoire et physiologique* lorsqu'elle a atteint un certain degré et se produit dans un certain sens : c'est bien de l'adaptation au milieu au sens Lamarckien, mais le mécanisme en est compliqué, détourné et d'ordre purement cellulaire. On pourrait étendre cette interprétation à d'autres fonctions « normales », considérer par exemple dans la phylogénie la spécialisation hémoglobinifère de l'hématie comme *une dégénérescence ferrugineuse d'éléments caducs*, dépourvus de noyaux, véhiculant le fer, comme d'autres fixent la graisse ou le glycogène ou précipitent de la chaux (1).

1. D'autres substances d'utilité souvent problématique, parfois nettement nuisibles, encombrent les organes. On connaît assez la surcharge graisseuse, semi-pathologique, parfois utilisée, comme réserve, de certains mammifères (marmotte, queue du mouton, bosse du chameau). La guanine, abondante dans les excréments des araignées (Tomisidae) au lieu d'être excrétée, s'accumule parfois en un pigment blanc sur la face dorsale de l'abdomen, surtout à la sortie du cocon, le jeune n'ayant rien excrété jusque-là (Faussek). Ailleurs ce pigment est de la mélanine. Chez certains vertébrés inférieurs la guanine ou la mélanine s'accumulent dans la peau ou sous le péritoine (Lacerta, Esox, Merluccius).

Autant de têtes de chapitres pour un ouvrage plus développé dont la présente étude ne vise qu'à être l'amorce.

34. *Cellules à Topographie privilégiée.* — Nous venons de reconnaître ainsi dans les glandes et les épithéliums les cellules dont la topographie est la plus défavorable, étant soumises à la fois et depuis l'embryogénèse *aux variations chimiques, physiques et mécaniques;* on avait antérieurement défini les muscles des *éléments soustraits soigneusement aux variations chimiques*, mais, par nécessité même, par essence *nullement à l'écart des variations mécaniques*, puisqu'ils en sont eux-mêmes les premiers générateurs.

Ne pourrait-on concevoir un troisième groupe de cellules, un tissu, des organes qui seraient, par les hasards des morphogénèses actuelles et phylétiques, abrités à la fois des variations physico-chimiques aussi bien que des variations mécaniques ?

De tels groupes cellulaires se rencontrent en effet, qui occupent une situation aussi privilégiée dans les organismes supérieurs et particulièrement dans le corps humain. Et cette situation, et elle seule, d'après tout ce qu'on a vu plus haut sur les causes de la multiplication cellulaire, les tenant à l'écart pendant une très longue période, peut-être toute la vie, des excitations cytodiérétiques, leur conférerait, comme caractère fondamental et attribut singulier, cette différenciation sans analogue qui s'appelle *la longévité*.

Ce sont les cellules des centres nerveux cérébromédullaires, associées, comme on sait, en neurones, plus ou moins intimement reliés entre eux — soit anatomiquement — ce qui est très controversé et à coup sûr point général — soit physiologiquement et fonctionnellement, ce qui est évident et comme la raison d'être même des conducteurs nerveux.

Or voyons par quelles dispositions exceptionnelles est acquise cette longévité, qui est incontestablement la condition matérielle de la mémoire médullaire, bulbaire et cérébrale et de tous les phénomènes automatiques ou psychiques qui en découlent.

Il existe une formation embryonnaire propre aux vertébrés qui doit avoir, si on en juge par sa précocité d'apparition, une importance considérable : c'est la « ligne primitive », contemporaine de la formation des premiers feuillets blastodermiques. Cette ligne devient bientôt une rainure, puis une gouttière, laquelle s'achève en canal, en tube fermé, en commençant par l'extrémité céphalique. Ces plicatures si précoces aboutissent à l'inclusion d'un certain nombre d'éléments de l'ectoderme dans un massif cellulaire qui s'épaissira à son tour, et ces éléments resteront ainsi placés dans une zone spéciale « plus éloignée que nulle part ailleurs du milieu extérieur » (R. Y. Cajal). Car, au cours du développement et chez l'homme adulte surtout, les caractères de cette zone privilégiée vont s'accentuer au point de constituer, pour les éléments qui y vivront, comme *un autre milieu intérieur dans le milieu intérieur*.

Voici un aperçu des appareils ou dispositions dont

l'ensemble constitue une parfaite protection contre les variations mécaniques : une boîte osseuse presque inextensible, et cependant élastique et qui répare ses fractures sans cal exubérant ; — deux ou trois méninges ; — la faux du cerveau ; — la tente du cervelet, dispositions propres aux Vertébrés supérieurs car ces cloisons sont peu développées chez les Oiseaux et manquent chez les Reptiles (1) ; — un liquide céphalo-rachidien qui atténue ou annihile l'expansion en masse de l'encéphale (pouls cérébral). Marey fait remarquer que ce liquide atténue aussi l'effet de la pesanteur sur la circulation cérébrale. Dans l'écorce, l'abouchement des artères à angle droit à partir de l'hexagone de Willis qui lui-même amortit le choc cardiaque (2). Ajoutons les gaînes lymphatiques artérielles qui se poursuivent jusqu'aux plus fines ramifications ; le luxe du système évacuateur veineux prévenant aisément toute stase compressive ; l'extrême rareté ou peut-être *l'absence de tout muscle dans la boîte cranienne* (de l'Homme) (3). Cajal dénie toute fibre musculaire aux fins capillaires intracor-

1. Les Céphalopodes supérieurs ont aussi leur ganglion cérébroïde logé dans la cavité du cartilage cranien et enveloppé d'une tunique membraneuse.

2. L'absence d'anastomoses entre les réseaux artériels intracorticaux est une disposition singulière et inexplicable si on veut voir dans la substance cérébrale une région richement irriguée. C'est en réalité un organe médiocrement vasculaire, ce qui témoigne que l'apport *quantitatif* du liquide nourricier est secondaire, et que les centres nerveux ne sont pas des appareils de dépense et d'usure substantielle.

3. Nicolas n'a pas retrouvé chez l'Homme les vestiges des fibres striées observées dans le tissu de la glande pinéale de quelques Mammifères notamment du Bœuf.

ticaux (1). Il y a là, du reste, de grandes variations
individuelles. Notons que tous les autres organes,
glandulaires ou non, sont musclés intérieurement,
tout au moins par leurs vaisseaux, ou soumis à l'action musculaire extérieure. Toute l'architecture de
l'endocrane humain apparaît ainsi comme précau-
tionnée contre le mouvement : la boîte inextensible
se continue par un tube à la fois rigide et articulé
de segments osseux isolant le contenu aussi bien du
monde extérieur que des autres organes somatiques
mobiles : aussi des traumatismes de moyenne intensité de cette région amènent soit la mort immédiate,
soit la suspension temporaire des fonctions de la cellule cérébrale, et nulle part ailleurs nous ne voyons
d'appareil aussi sensible aux actions mécaniques
pures : il faut des violences plus considérables pour
suspendre l'activité glandulaire du foie ou du rein,
et peut-être, cette suspension, lorsqu'elle a lieu, est-
elle fonction de lésions nerveuses préalables.

Chez l'homme, l'exercice de la pensée est incompatible avec un effort musculaire concomitant : la concentration d'esprit intense s'accompagne d'immobilité et même d'arrêt des mouvements respiratoires.
Dans un ordre voisin d'idées, il est intéressant de
remarquer que l'Homme, contrairement à la plupart
des animaux, ne se sert pas directement de son extrémité céphalique pour l'attaque ou la défense, ni pour

---

1. Chez l'Insecte, au contraire, l'épicrane renferme un système de lames
chitineuses donnant insertion aux muscles moteurs des mâchoires et sup-
portant le cerveau : celui-ci n'est donc pas distinct de l'appareil moteur
(Houlbert).

la saisie de la proie. L'usage des cornes et des crocs
expose la tête qui les porte à des traumatismes de la
part de l'attaqué et les chances de l'ébranlement
céphalique y sont plus grandes que chez l'Homme ou
les Singes supérieurs : chez eux en effet, le crâne est
à l'écart des violences et le retentissement des efforts
de préhension ou de lutte se limite à la ceinture sca-
pulo-thoracique. M. Ledouble a signalé l'antagonisme
entre le crâne et les mâchoires dans la phylogénie
des Vertébrés et comment la carotide interne a, chez
nous, dévié une partie du sang de l'externe pour nourrir le cerveau. Les travaux de M. Anthony sur l'action morphogène des muscles crotaphytes des Car-
nassiers viennent à l'appui de cette thèse : la pression de ces puissants masticateurs, sangle vivante,
sagittale et bipariétale a été et reste encore un obs-
tacle au développement cérébral de cet ordre de
Mammifères.

Dans l'épaisseur de l'encéphale, masse presque
immobilisée, bien garantie à sa périphérie, les cellules les plus différenciées n'auraient donc plus à
redouter que l'inévitable rythme du moteur intérieur,
le contre-coup du choc cardiaque : est-il donc encore
trop rude pour leur mystérieuse cristallisation? Il est
probable, car parmi elles, les plus élevées en dignité
ont fui le hile cérébral, point d'arrivée des vaisseaux
artériels; et les noyaux gris perforés par les artères
qui prolongent les gros troncs sont des relais secondaires de fonctions obscures.

Et dans l'épaisseur du pallium cérébral lui-même
quels éléments vont donc rencontrer cette zone de

repos quasi idéale si propice à leur longévité, à leur immuabilité?

Toujours les plus éloignées du milieu qui s'agite, des vaisseaux, et ici surtout de la zone superficielle de la substance grise trop proche encore des artérioles de la pie-mère. Au contact des vaisseaux mêmes, les neuroblastes, indifférents à l'origine et pendant une partie de la vie embryonnaire n'ont formé que de la névroglie, substance « de soutien, de remplissage » autant dire, sans fonction (ce qui peut être le lot aussi bien d'une cellule, que d'un tissu, que d'un organe). On rencontre toujours la névroglie autour des plus petits capillaires, même dans les couches les plus profondes de l'écorce. Autrement dit, dans une telle situation, encore trop agitée, la substance nerveuse ne peut se différencier qu'en névroglie et non en éléments nobles (1).

Sur une coupe de la substance grise de l'écorce, les grandes pyramidales typiques sont à la cinquième ou sixième couche à partir de la superficie (chez l'Homme, car plus on redescend la série animale, moins les couches de cellules pyramidales sont nombreuses). Chez l'Homme par exemple, une coupe du

1. La forme générale des cellules nerveuses typiques, avec leurs prolongements ramifiés et buissonnants atteignant d'une seule venue plusieurs millimètres (et davantage pour les cylindres axes), est bien celle qui peut résulter de la croissance aisée, progressive et sans contrainte d'une masse équivalente de protoplasma. Durant les crises de l'embryogénèse, facteur de tant de bouleversements, plicatures, laminages, délaminations, glissements, inclusions, strictures, elles seules ont pu, en raison de leur situation protégée de bonne heure, jamais démentie, se dilater, et surtout s'étirer tout au moins dans un certain sens, probablement celui de la moindre résistance.

lobe occipital nous donne successivement : 1° une couche de névroglie ; 2° une couche de très petites cellules ; 3° une couche du 2° type Golgi ; 4° une couche « moléculaire » interne fusiforme ou pluripolaire ; 5° une couche de fusiformes à direction radiaire ; 6° une couche de pyramidales moyennes ; 7° *ici seulement la couche des grandes cellules pyramidales*. Comme les artères ne sont pas anastomotiques, cette dernière couche coïncide à peu près avec la limite des deux territoires artériels du cerveau (pie-mère et artères striées) ; elles s'accommodent ainsi de vivre dans une région qui se trouve parmi les plus pauvrement irriguées de tout l'encéphale.

Mais en retour, ces grandes cellules pyramidales auxquelles Cajal et d'autres éminents histologistes attribuent le qualificatif et la fonction de *cellules psychiques*, bénéficient plus que toutes les autres de la situation privilégiée qui a été déterminée. *Les cellules nerveuses les plus hautement différenciées fuient le mouvement.* Celles-là acquièrent cette haute différenciation, qui ont réussi, au cours de l'embryogénèse, à se mettre le mieux à l'abri du mouvement extérieur (1). Il faut remarquer aussi que, parmi ces grandes pyramidales, un certain nombre n'ont pas de prolongement cylindre axile hors du cerveau : au

---

1. Lugaro a même observé une migration effective, par apposition progressive des cellules néoformées, sur les grains du cervelet, depuis la couche superficielle de cet organe, jusqu'à la couche profonde où ils s'arrêtent. Le « grain » ne conserve donc sa place définitive que quand son activité proliférante est épuisée.

contraire, la plupart des cellules des ganglions centraux et toutes celles de la moelle, sont en rapport,
par leur prolongement, le nerf, soit avec le milieu
intérieur en mouvement, soit avec des organes mobiles, soit avec les muscles. Pour les « cellules psychiques » ou « neurones psychiques » *entièrement
incluses dans l'encéphale*, des relais intermédiaires
(neurones ganglionnaires, fibres de projection) se
chargent de les mettre en relation avec le reste du
soma.

Dans le tube médullaire siège de centres de second
ordre et le plus ancien dans la phylogénie, les cellules
ont fui la périphérie du cylindre où géométriquement
l'amplitude du mouvement, des tensions et torsions
est plus accusée qu'au centre : elles se sont groupées
en une série de colonnes centrales (1) et, dans toute
la longueur de la moelle, les éléments nobles fuient
les deux scissures, et lorsque l'une d'elles atteint la
substance grise, les neuroblastes ne forment toujours
à son contact que de la névroglie. Ici encore les
grosses artères sont périphériques, mais le réseau
pie-mérien est à mailles moins fines qu'au niveau du
manteau cérébral (2).

1. Peut-être la forme sinueuse de la coupe de la substance grise est-
elle déterminée par les zones de moindre mouvement qu'à chaque étage
du rachis limitent les arcs-boutants des apophyses articulaires ?

2. Encore que les homologies avec les embranchements éloignés soient
délicates à établir, il n'est pas défendu de rapporter à des raisons mécaniques analogues la situation ventrale de la chaîne nerveuse des Arthropodes à squelette externe : dans chaque somite un tractus nerveux situé
dorsalement serait plus tiraillé pendant les mouvements du corps, déterminant ordinairement une concavité ventrale.

Sans doute il est plus délicat de mettre en valeur les dispositions anatomiques ou histologiques aboutissant à une protection analogue des cellules nerveuses vis-à-vis des altérations physico-chimiques du milieu intérieur : Soury fait bien remarquer que ces éléments tirent leurs matières nutritives de la lymphe, à circulation lente, et non directement du sang ; et d'ailleurs que cette protection soit moins facile à réaliser que contre la mobilité, et le soit médiocrement en fait, c'est ce qui ressort de la sensibilité vraiment élective des cellules nerveuses et psychiques vis-à-vis des doses les plus infimes des poisons circulants, tolérés par les autres tissus, vis-à-vis, au premier chef, de tous les anesthésiques, qui suspendent les fonctions nerveuses bien avant les autres. Tous les poisons des autres cellules le sont aussi pour celles-là, mais à moindre dose et bien plus rapidement.

Or, il est un poison, le plus subtil de tous, encore inconnu quoique déjà maniable et inoculable comme M. Piéron vient de le montrer, qui, produit quotidiennement par le fonctionnement vital, porte son action, dans l'organisme entier, presque exclusivement sur les cellules cérébrales les plus hautement différenciées : c'est celui du sommeil physiologique, auquel sont réfractaires non seulement toutes les cellules somatiques, mais encore nombre de neurones médullaires et ganglionnaires et tous les neurones bulbaires.

Même électivité pour ces poisons à production périodique ou cyclique qui doivent être la cause maté-

rielle des accidents hystériques, de la folie circu-
laire, etc.

D'ailleurs il est probable que cette sensibilité des
cellules nerveuses aux variations physico-chimiques
du milieu intérieur est la base et la raison d'être de
leur fonction, de leur dignité : que la mémoire, tout
court, est avant tout la *mémoire précise de certains
états chimiques passés*, de certaines associations ou
dissociations moléculaires immuables depuis leur
génèse.

Tant que dure l'existence individuelle, le neurone,
ou plutôt l'association des neurones, projette dans la
vie psychique, sous forme de fait de mémoire ou de
conscience, telle acquisition, tel accrochage ou dé-
crochage moléculaire, tel processus chimique intestin qui en est la face matérielle et l'occasion. N'avons-
nous pas comme possibilités spatiales cet Univers
cellulaire quasi illimité et dont la majeure partie est
appelée à rester vierge d'impression, même chez le
savant le plus érudit, vue la brièveté de la vie humaine,
Univers représenté par plus d'un demi-milliard de
cellules corticales ?

Si, comme l'a dit depuis longtemps A. Gautier, les
fonctions psychiques supérieures sont des « états » et
non des actes, elles n'ont pas d'équivalent mécanique, ni à justifier d'aucune dépense énergétique. Ces
conclusions, que les analyses chimiques et les recherches thermométriques les plus précises appliquées au
travail cérébral pur, dénué d'action motrices parasites, ont confirmées de toutes parts, cadrent parfaitement avec le schéma nouveau qu'on vient d'esquis-

ser ici de la différenciation si singulière de la cellule nerveuse.

Cette apparente digression de psycho-physiologie est nécessaire, car une théorie de la vie se doit aujourd'hui à elle-même de ne pas négliger ce phénomène si extraordinaire, même au point de vue « cosmique », qu'est l'activité psychique humaine, et loin de la redouter comme une inconsistante échappée sur la métaphysique, de montrer comment il se relie à l'ensemble du système et de l'y situer.

CHAPITRE VI

COMMENT S'OPÈRE LA SÉLECTION
DU PLASMA SPÉCIFIQUE

35. *Signification des glandes : le sacrifice des Epithéliums.* — Ayant ainsi rapidement parcouru l'échelle de la hiérarchie cellulaire, telle qu'on peut s'en faire une idée par l'étude d'un organisme aussi élevé que celui de l'homme, il convient de revenir sur la signification de certains organes ou tissus appartenant à la première catégorie, à celle dont les cellules sont périodiquement et inévitablement *sacrifiées par leur fonctionnement même*, sacrifiées au bien général de l'organisme, c'est-à-dire pour parler précisément, au maintien de la constance physico-chimique du milieu circulant, à l'intangibilité (relative) du plasma spécifique. Et c'est aux deux autres catégories de tissus, tissus durables, pour qui la longévité cellulaire est la condition primordiale de leur supériorité, c'est à eux que profite cette intégrité du milieu intérieur automatiquement assurée par la dissolution des premiers (1).

1. Remarquons ici que la « substance fixée » qui est le substratum matériel permanent de l'Espèce, est, comme il fallait s'y attendre, pendant la Vie individuelle, précisément identifiable avec les « Tissus fixes » de chaque organisme, c'est-à-dire chez les Mammifères : la substance nerveuse, les muscles et la presque totalité de l'appareil moteur, et aussi les ovules.

Il est donc temps d'élargir la notion de glande, et d'y faire entrer, comme la tendance actuelle de la Physiologie générale nous y incline, non seulement les glandes vraies, les épithéliums caducs, mais tous les tissus plus ou moins franchement différenciés, dont le cycle d'évolution cellulaire se rapproche de celui des épithéliums : tissu adénoïde, adipeux, lymphopoiétique, hématopoiétique et quelques autres dont l'histologie analytique a multiplié les variétés.

On doit y ajouter naturellement les glandes à sécrétion interne dont le nombre et l'importance se sont accrus depuis qu'on sait que, plus ou moins, toutes les glandes ont une sécrétion interne à un moment ou à l'autre de leur cycle fonctionnel.

C'est qu'en effet, les glandes n'ont pas été mises en place «pour » remplir un certain rôle déterminé, comme un constructeur dispose une boîte à huile à tel niveau d'un mécanisme métallique « pour » le lubrifier : il faut se déshabituer de cette conception de « l'organe outil », une des plus infécondes de la Physiologie et qui pourtant a été insensiblement imposée par les descriptions trop idéalisées, trop abstraites, trop analytiques des organes et de leurs fonctions.

On a vu que le corps thyroïde, les parathyroïdes, les surrénales, l'hypophyse, massifs cellulaires individualisés et différenciés dès l'embryogénèse, ont gardé un souvenir des révolutions blastodermiques originelles, de ces luttes pour la place, pour la lymphe, pour l'oxygène qui ont présidé à leur naissance : c'est l'absence de canal excréteur. Ces glandes sont restées à l'état d'inclusions physiologiques, vivaces d'ailleurs, et soumises à un « métabolisme » normal très actif, comme en témoignent les accidents causés par la moindre déviation en plus ou en moins de leur fonctionnement normal, ou encore la facilité avec laquelle elles évoluent vers les néoplasmes les plus malins, les plus toxiques.

Persistant toute la vie, elles secrètent donc et déversent en totalité dans la circulation ces produits de dissolution, de dégénérescence normale de leurs épithéliums les plus âgés, produits très actifs (puisqu'il s'agit de déchets albuminoïdes solubles), qui *contribuent pour leur part à la constitution du milieu intérieur auquel toutes les cellules sont adaptées.* Ce n'est qu'après coup et par un effort d'analyse de notre physiologie « anthropocentrique » qu'on dissocie péniblement et assez artificiellement une « fonction » thyroïdienne, surrénale, etc.

Il s'ensuit que si tous les tissus (en dehors des tissus fixes étudiés plus haut), rejettent à un moment ou à l'autre, quelque chose de leur substance dans le milieu circulant, on comprend et la complexité de ce milieu, et la fragilité de son équilibre physico-chimique, et l'infaillibilité apparente et quasi providentielle de ces interactions tissulaires, contemporaines de l'état de santé et de lui exclusivement; et c'est ce remarquable équilibre humoral (1) que Bay-

---

1. M. Gley a rappelé que Legallois en 1802 a reconnu expressément l'importance de l'apport des sécrétions glandulaires pour la constitution du milieu intérieur et la variabilité du sang veineux comparée à la fixité du sang artériel. On peut même remonter à Bordeu (1775) pour retrou-

liss et Starling ont décrit à nouveau sous le nom d' « hormones », un hormone spécifique étant attribué à chaque tissu.

Tel est le procédé par lequel chaque organisme constitue et entretient son milieu intérieur (spécifique d'abord, puis progressivement spécifico-individuel) lequel est ordinairement toxique pour celui d'une autre espèce, mais non pour ses congénères : ainsi, le serpent venimeux résorbe, sans danger pour lui, dans sa circulation, son venin inemployé.

Mais le matériel chimique, la substance qui est en jeu dans ce cycle mouvant qu'on a appelé, très heureusement pour les tissus labiles considérés, « Tourbillon vital », ce matériel vient de l'extérieur : c'est lui qui sert à l'entretien permanent de ce milieu en équilibre instable, mais le rétablit incessamment, sous forme d'aliment.

C'est ainsi qu'on est amené à considérer le problème de l'assimilation alimentaire, tout au moins sur une de ses faces, la plus obscure actuellement, la reconstitution des albumines spécifiques du milieu circulant.

36. *Sélection moléculaire digestive*. — Il n'est pas question ici du pouvoir énergétique de l'aliment. Les équivalences thermo-dynamiques et mécaniques des aliments ternaires, portion la plus volumineuse des

ver une opinion semblable sur le rôle de chaque organe dans la composition des humeurs, sous la phraséologie nécessairement imprécise de l'époque. Il faut également, avec M. Gley, rendre justice à Cl. Bernard et Brown-Séquard dont toute l'œuvre expérimentale est à la base de la doctrine actuellement rajeunie des « hormones ».

matières alimentaires des omnivores — et de la portion des albuminoïdes qui est dégradée pour le même usage — sont bien connues, étant aisément accessibles à l'expérimentation. Après un demi-siècle de travaux de laboratoire, on a pu, chez les animaux supérieurs, établir avec une précision qui ne laisse guère à désirer, le bilan alimentaire des graisses, des sucres, des hydrates de carbones divers, des sels (dont le rôle, plutôt physique, intervient dans les échanges osmotiques). Mais le métabolisme des albumines est la partie la plus obscure de la physiologie de la nutrition, et cette mystérieuse et infaillible métamorphose des albumines étrangères hétérogènes en albumines identiques ou presque, à celles de l'animal, reste encore un des arguments les plus topiques du vitalisme.

Nous allons voir comment ce problème s'éclaire en faisant appel au processus universel de l'adaptation chimique de la cellule au milieu.

Le tractus digestif de l'homme et des animaux supérieurs est constitué par un tube musculeux et mobile, recouvert dans toute son étendue d'une muqueuse digestive, dont l'épithélium présente des différenciations variées suivant l'étage considéré. On admet que l'absorption digestive, peu marquée dans les segments supérieurs du tube, est maxima au niveau de l'iléon, tant en raison de la nature de l'épithélium que par la présence des villosités qui accroissent notablement la surface de contact avec les substances alibiles. A ce niveau, ces substances sont un mélange intime des aliments proprement dits, venus de l'ex-

térieur, avec une proportion considérable de sucs
digestifs, c'est-à-dire de produits de désintégration
à divers degrés d'avancement (et de spécialisation
apparente) des cellules des glandes annexées au tube
digestif (salivaires, pancréatiques, stomacales, hépatiques, duodénales), que cette désintégration ait lieu
en un temps ou en plusieurs temps : le tout, accru
des cellules caduques des épithéliums de revêtement
des segments indifférenciés de la muqueuse digestive (bouche, pharynx, œsophage).

Cette masse est donc essentiellement aussi un mélange de plasmas étrangers, de molécules organiques
exogènes de toute grosseur, de toute complication,
de plasma spécifique et de plasmas individuels bras-
sés, malaxés, et accentuant leur désorganisation, leur
simplification, à mesure que le bol alimentaire s'ache-
mine vers l'orifice de sortie. Des substances étrangères, la plus grosse masse chez un herbivore ou un
omnivore est composée d'aliments hydrocarbonés ou
de graisses, lesquels ont une spécificité très réduite,
c'est-à-dire se retrouvent identiques comme qualité
dans les humeurs et les tissus des divers types vivants : ils sont faciles à suivre et à analyser, qu'il
s'agisse des hexoses dont la forme solidifiée, la forme
de dépôt est le glycogène, d'acides gras et savons
divers, tantôt en émulsion dans les humeurs, tantôt
en dépôts inter ou intracellulaires. Or, la destinée de
ces « petites molécules » est assez bien connue parce
qu'on peut la suivre d'après les réactions microchi-
miques appropriées : on sait qu'elles peuvent traver-
ser la membrane basale de l'intestin soit par osmose

physique, soit par les espaces intercellulaires, soit par les pertuis que les migrations leucocytaires pratiquent çà et là sur cette membrane, soit encore et constamment à travers les cellules de l'épithélium vivant, de l'épithélium à plateau.

On peut suivre aisément au microscope les globules graisseux colorés par l'acide osmique, en traînées ininterrompues depuis la lumière du canal intestinal jusqu'au chylifère des villosités. On peut suivre, par l'analyse, les sucres que les dédoublements et hydratations simples modifient peu, en passant du bol alimentaire, du milieu cosmique (c'est-à-dire de l'état de sucre végétal photosynthétique) à l'état de glycose circulant ou de glycogène déposé. Toutefois les sucres présentent une spécificité plus restreinte que les graisses, c'est-à-dire que le nombre des hexoses mises en œuvre par la matière vivante est déjà assez élevé.

Pour les albumines le cycle paraît compliqué et reste en tout cas obscur. « L'état initial et l'état final sont les deux seuls termes nettement accessibles à notre observation (Morat et Doyon). »

Mettant à part, en effet, la portion considérable d'albumines ingérées qui, chez les carnivores purs est utilisée comme combustible ou thermogène (1), au même titre que les aliments ternaires qui peuvent

1. La production de calorique qui a donné lieu à tant d'expériences, n'a qu'un intérêt restreint au point de vue de la biologie générale, puisqu'elle ne touche pas les végétaux, ni le plus grand nombre des espèces animales, les animaux à sang froid, les poïkilothermes. M. Dastre reconnaît d'ailleurs qu'elle n'est qu'un résidu de l'utilisation mécanique de l'aliment, un « phénomène épisodique n'existant point pour lui-même ».

être insuffisants chez eux, il reste que chez les animaux voisins de l'homme et l'homme lui-même, il faut que l'alimentation apporte quotidiennement une provision de substances « plastiques » qu'on peut évaluer à 1 gramme par kilogramme du soma entier pour compenser et réparer l'usure physiologique des tissus. C'est sur une telle quantité que porterait la transmutation assimilatrice.

Et d'abord, où va être utilisé cet apport plastique? Quels tissus, quels organes, présentent des vides périodiques à combler?

On a déjà été amené à admettre plus haut qu'à *l'état physiologique*, seuls les épithéliums caducs sont appelés à cette rénovation, cette destruction fonctionnelle. Cette provision leur est donc destinée d'abord comme Conheim l'a conclu de ses nombreuses expériences (d'interprétation du reste délicate) pour l'usure sécrétoire des glandes digestives. Nous savons assez à présent que le *muscle normal et physiologique*, machine d'un bon rendement dynamique, brûle seulement des aliments hydrocarbonés sans rien consommer de sa propre substance. Il n'y a donc pas de réparation musculaire à l'état normal, ou si elle existe, elle est imperceptible (Dastre, Chauveau, Pflüger, Voit et l'Ecole de Bonn). En ce qui concerne le tissu nerveux, sa dépense, sa désintégration, est aussi certainement insignifiante.

En résumé, *la destruction fonctionnelle*, comme tout autre phénomène biologique, *doit être comprise entre zéro et l'infini*, suivant les tissus envisagés : minima dans la substance cérébro-médullaire, maxima dans l'épithélium le plus caduc, probablement celui de l'intestin grêle.

On entrevoit maintenant à peu près comment l'aliment albuminoïde, attaqué par les enzymes et ferments digestifs se résout en ces quelques acides aminés qui, diversement associés, quoique en petit nombre, composent sa molécule. Pour transformer une albumine dans une autre, il peut suffire de détacher de la molécule telle ou telle chaîne d'acides aminés, le gros de l'édifice restant intact (Lambling). Si un triage, une sélection sont possibles, ce sera aux dépens de ces débris, ces fragments résultant du travail de ce « broyeur moléculaire » (Hougounencq) qu'est le tube digestif total, avec ses ferments multiples, se mélangeant, se succédant, s'activant les uns les autres. Le résultat brut de ce travail, est la mise à la disposition de la matière vivante d'un certain approvisionnement moléculaire qualitatif qui rendra plus aisée la reconstitution de la matière vivante elle-même (1).

Mais, à l'inverse de ce qui se passe pour les sucres ou les graisses, peu ou point spécifiques et aisément décelables, il se trouve que, *si l'albumine reconstituée est vraiment spécifique, elle doit être solubilisée aussitôt et insaisissable, invisible :* elle doit passer inaperçue pour l'histologiste, et d'autre part si elle

1. On conçoit que si cette structure est très semblable à celle de l'animal considéré, l'assimilation sera facilitée d'autant. C'est ce qui ressort de diverses expériences de Michaud (1909) sur la ration albuminoïde minima chez le Chien. Le mélange reconnu le plus facilement assimilable est celui provenant de diverses substances protéiques appartenant à d'autres chiens.

est identique à celle de la lymphe et du sang, comment le chimiste saura-t-il la déceler (1) ? Nulle part on n'a signalé que le sang du système porte, retour de la surface intestinale, véhicule à l'état de santé et d'alimentation normale, des albumines hétérogènes. Il ne transporte que des P.S. comme partout ailleurs.

Cette synthèse spécifique ne commence donc pas dans le foie. Le foie est bien un régulateur, un fixateur pour les sucres, et parfois les graisses, une barrière plus ou moins efficace vis-à-vis de divers toxiques et nombre d'albumines étrangères (2) qui ont pu forcer la paroi digestive et arriver dans la circulation : mais *un tel fonctionnement du foie est déjà d'ordre pathologique :* un foie qui est obligé, chroniquement, par l'expérimentation ou une alimentation défectueuse (par excès d'albumine) à ce rôle artificiel, ce foie sera défaillant et insuffisant un jour ou l'autre (congestion hépatique, puis cirrhoses diverses, cirrhose des gros mangeurs). Le foie peut sans doute perfectionner ce triage, mais la première et principale élaboration biochimique n'est pas son affaire.

La fonction sélective du foie vis-à-vis des sucres et hydrates de carbone, la célèbre découverte de Cl. Bernard, reste sa spécialisation principale. On sait

1. Rien de plus édifiant à cet égard que les résultats contradictoires des recherches pourtant si minutieuses et patientes de Mingazzini, de Kultchinsky, de Zander, de Drago, s'efforçant d'identifier, ici ou là, la qualité des matériaux albuminoïdes en voie de reconstruction. Lamblirg résume l'état de la question de la façon suivante : « L'opération de la digestion est conduite de telle façon qu'aucun des produits qui franchit la paroi intestinale ne garde les caractères d'un protéique étranger. »

2. On connaît bien depuis Linossier et Lemoine la néphrotoxicité des albumines alimentaires pures.

qu'il n'y a pas chez les vertébrés supérieurs d'organe glandulaire ou autre qui soit spécialisé au triage des corps gras : ceux-ci se déposent presque partout et chez tous, suivant les excédents du bilan alimentaire (épiploon, paroi abdominale, enveloppe rénale, tout tissu cellulaire), dépôts qui ont déjà un caractère semi-pathologique.

La synthèse spécifique se fait donc ailleurs que dans le foie. Comme elle est déjà réalisée en gros dans la circulation porte (1), elle doit se faire principalement au niveau de l'épithélium intestinal.

On a toutefois grand'peine à se représenter le mécanisme de cette synthèse avec les théories actuelles : car il ne s'agit pas ici d'un organe volumineux et enchevêtré comme le foie ou la rate, ou encore mi-physique, mi-chimique, comme le rein, pourvu de canalisations variées, de glomérules, bâti en machine de précision à étages compliqués : il s'agit d'une simple membrane avec une seule couche d'épithélium.

Nul classique n'explique en quoi peut bien consister l'activité de cet « ergastoplasma » de la cellule à plateau, qui saisit par une de ses extrémités des albumines hétérogènes alimentaires plus ou moins dis-

---

1. On sait qu'Abderhalden a pu maintenir l'équilibre nutritif de chiens nourris uniquement d'aliments azotés et ternaires synthétiques, les premiers étant un mélange convenable d'acides aminés (1908-1912). Or dans ce cas, l'urine ne renferme pas un excès de ces acides constitutifs si massivement introduits dans le tube digestif, alors qu'après injection directe dans le sang, l'azote aminé de l'urine est fortement accru ; il y a là une grande présomption que la reconstruction des protéiques a déjà lieu dans la paroi digestive.

loquées, et les brasse si intelligemment à son intérieur, qu'à son autre extrémité basale, il ne renvoie
au chylifère central et aux anses de la villosité que
de la substance spécifique.

Or il n'y a pas besoin de faire appel à de telles opérations *intra-cellulaires* invérifiables et si peu vrai-
semblables pour arriver à une conception simple de
l'assimilation digestive.

En effet, les cellules épithéliales du tractus digestif, en contact avec le milieu chimique alimentaire
hétérogène, *s'y adaptent à l'état physiologique, par
le procédé ordinaire, c'est-a-dire par des cytodiérèses sporadiques, non synchrones*, espacées dans
l'espace et dans le temps, quoique probablement très
fréquentes, si on considère l'ensemble du tractus épithélial (1). La destinée de ces cellules incessamment
formées est facile à imaginer (2); chacune d'elles, à
son tour, est appelée à dégénérer, à desquamer, à se
mélanger au bol alimentaire et à cheminer avec lui,
accentuant sa dislocation moléculaire à mesure que

---

1. On sait combien rapidement la *desquamation massive* de l'épithélium
intestinal (entérites aiguës diverses, choléra) s'accompagne de symptômes
alarmants et met en danger la vie même : toute intervention de toxine
mise à part, il est évident qu'à la faveur de ces lacunes épithéliales, les
colloïdes hétérogènes peuvent dialyser directement par la membrane basale et leur irruption massive et brutale altère illico l'intégrité du milieu
intérieur.

2. A l'état physiologique, on considère classiquement les culs-de-sac
de la muqueuse de l'iléon comme zones génératrices permanentes de l'épithélium. On observe les mitoses régénératrices soit au fond même (Côlon)
soit juste au-dessus du fond (Iléon) d'après Shaper. Il faut aussi faire la
part de l'avulsion mécanique des éléments épithéliaux que la croissance
à partir du fond a repoussés vers le sommet de la villosité, région constamment balayée et traumatisée par le bol alimentaire.

la masse progresse : il se constitue ainsi, par l'abondance de la desquamation des épithéliums des étages digestifs successifs, par la présence constante des sucs cellulaires et enzymes versés au passage, un *enduit permanent et sans discontinuité importante à l'état physiologique, enduit de fragments d'albumines spécifiques, isolant ainsi chimiquement le milieu intérieur du milieu alimentaire, comme la membrane basale l'isole mécaniquement.* Il est possible que cette membrane joue aussi le rôle de filtre physique ne laissant passer que les molécules albumineuses d'une certaine grosseur : et c'est là un important échelon de ces « approximations successives » (Delage) qui donnent par leur résultat global l'illusion de dispositions finalistes et intentionnelles. Il ne faut pas demander d'ailleurs une reconstitution moléculaire très compliquée, car il s'agit seulement de refaire des albumines circulantes, lesquelles sont seulement des fragments de moyenne grosseur, dont l'assemblage permettra plus tard, là où besoin sera, les synthèses cellulaires définitives.

L'illusion de la défense de la barrière, contre l'envahissement des molécules étrangères tient à l'importance de *la consommation des vies des cellules épithéliales incessamment sacrifiées du haut en bas du tractus digestif* (1), non pas « pour » réaliser la

---

1. Botazzi attribue la formation de l'entérokinase à la destruction de l'épithélium lui-même : cette substance n'est d'ailleurs nullement spéciale à ce tissu puisque Ciaccio l'a retrouvée dans la rate et les ganglions. Elle est évidemment un produit de dégradation encore volumineux moléculairement.

continuité de cet enduit protecteur et résorbable, mais la réalisant « tant bien que mal » suivant la supériorité du type vivant.

Nulle part dans l'organisme, la comparaison de la destinée de ces lignées cellulaires caduques, succombant pour le bien du soma total, n'est mieux justifiée qu'ici, avec celle de ces bataillons d'enfants perdus décimés à la frontière par l'assaillant étranger, devant lequel ils dressent, de leurs cadavres amoncelés, une barrière incessamment renouvelée.

L'épithélium digestif rentre donc, par ce mécanisme, dans l'ordre de tous les épithéliums fonctionnels : son excrétion est essentiellement récrémentielle ; la résorption de sa substance est plus ou moins complète : c'est une question de degré, comme pour les produits des glandes digestives, comme pour la bile et les acides biliaires ; les uns et les autres ne sont pas excrétés « pour » les aliments, mais à l' « occasion » du passage des aliments. Notons en passant, que si les fragments de cytoplasmes cellulaires sont recupérés de-ci de-là, dans le trajet descendant, *les noyaux, plasmas non spécifiques, eux, sont habituellement rejetés dans le bloc fécal et se retrouvent en abondance dans les fèces* (Ramond).

De la sorte, la cellule épithéliale digestive n'a pas besoin d'être je ne sais quel miniature de chimiste consciencieux et bienfaisant qui fournit sur commande des albumines de telle ou telle structure : elle travaille pour elle-même suivant le rythme habituel de la vie cellulaire : elle se construit son édifice spécifique ou juxta-spécifique avec les matériaux hétérogènes puisés au canal alimentaire (genèse des cellules de remplacement) ; et c'est à l'occasion de la rupture de cet édifice, et sur ses débris, *résultant d'une première sélection synthétique*, que l'organisme, que les plasmas circulants se fourniront de substances (1) permettant au milieu intérieur de conserver une intégrité relative. N'oublions pas d'ailleurs que l'édifice reconstruit par les cytodiérèses de « rénovation » aussi bien dans cet épithélium que dans les autres, n'est pas du plasma spécifique pur. *C'est un plasma mélangé, de qualité inférieure, qu'on pourrait appeler plasma épithélial* s'il y avait quelque utilité à multiplier les néologismes : c'est du plasma de première approximation, ébauche appelée à se détruire, mais dont les morceaux serviront, dans une seconde approximation, à reconstituer le P. S.

1. Si on s'en rapporte à une série d'expériences de M. Roger (1909) il semble que ce sont les produits abiurétiques seuls qui sont absorbés et traversent la basale et non les peptones qui conservent toujours une certaine toxicité. Constatation de haute portée, bien qu'échappant au microscope. Mais d'autres auteurs (Marie et Donadieu) n'ont pas hésité à considérer les leucocytes seuls, en migration vers l'intérieur (ils sont innombrables et constants sur les coupes de l'intestin) comme le résultat de la synthèse albuminoïde de l'épithélium. Il s'agirait de plasmodes leucocytaires, véhicules aussi des graisses (1911). Sambuc a déjà tenté de conférer la même attribution aux grands mononucléaires de la muqueuse digestive.

Nous persistons à croire qu'en matière de chimie physiologique et dans l'espèce et pour le moment, *ce qui est important c'est ce qui ne se voit pas*, c'est ce qui est dissous et par conséquent insaisissable. Sans doute, l'effraction leucocytaire qu'on observe partout, résultant *de l'imperfection des dispositions organiques*, de la faiblesse ou des pertuis de la basale, cette effraction permet à sa suite le passage d'albumines, de peptones et de molécules diverses hétérogènes et l'adultération progressive du milieu intérieur.

On peut donc répéter, après Morat et Doyon, que l'« être vivant n'utilise aucune des structures mises à sa disposition par l'aliment », à condition que les deux correctifs *directement* et *immédiatement* viennent s'intercaler dans la formule.

Il est certain que le foie intervient pour sa part et à son tour dans cette défense chimique du milieu inrieur dont l'Ecole de Bouchard, les travaux de Roger ont montré l'importance : d'imperceptibles poisons, habituels à la circulation porte, sont retenus par le Foie qui les arrête, pour un temps ou définitivement, et il en pâtit à son tour, et à sa façon, comme tout épithélium.

Troisième étape, troisième approximation de la substance spécifique. On sait assez comment cette glande à tout faire entre en ligne justement quand la barrière épithéliale de l'intestin est forcée (hépatites entérogènes multiples, cholériques, dysentériques surtout). On sait aussi, encore mieux, qu'il doit subir alors la destinée des troupes de seconde ligne qui ne peuvent que mourir bravement, quand l'armée active est détruite, et le territoire spécifique envahi.

Mais en temps normal, l'équilibre se maintient. Si l'alimentation est rationnelle, ce qui arrive parfois dans l'espèce humaine (1), le foie ne reçoit que

---

1. Bernard, Debré, Porak ont récemment observé que d'une façon constante l'ingestion de viande crue fait passer des albumines hétérogènes dans la circulation générale : cette action est minime et passagère.

On démontrera quelque jour l'importance et les conséquences incalculables pour la longévité humaine et peut-être la longévité relative de notre espèce de certaines habitudes culinaires, et surtout de la *cuisson des aliments protéiques,* dont les traces se retrouvent jusque chez les

des poisons déjà triés, atténués, et son rôle définitif est réduit à peu de chose : mais son rôle sélectionneur des albumines circulantes ne laisse pas d'être considérable en tous temps puisque l'abouchement de la veine porte à la circulation générale entraîne constamment la mort rapide. C'est que le sang venant de l'intestin n'est pas encore véhicule des plasmas épurés et assimilés, capables d'assurer l'équilibre vital dans le reste du soma.

Cette *résorption par le milieu intérieur des molécules de ses propres épithéliums dégradés, cette autophagie par étapes*, invoquée ici comme habituelle, n'est pas un processus absolument inconnu en physiologie générale. Il y a des exemples d'une auto-

peuples paléolithiques et dans toutes les races, même les plus dégradées actuellement vivantes. Il s'agit là d'un premier stade de sélection inconsciente, de fragmentation, de dislocation et peut-être de transformation moléculaire des albumines étrangères ; c'est autant de travail chimique épargné aux sucs digestifs et aux enzymes, résultant de la fonte épithéliale ; c'est une économie de substance humaine.

Non qu'une préparation instinctive analogue soit absolument propre à l'homme : car certains carnivores et surtout les grands rapaces et de nombreux animaux marins laissent putréfier leurs proies avant de les dévorer : le résultat chimique se rapproche de la cuisson, mais est à coup sûr moins rapide. L'homme, au début, frugivore comme les anthropoïdes voisins, devint carnivore et surtout omnivore après la découverte du feu. Ainsi nombre d'animaux, végétariens à l'origine (singes, porcs, poules) mangent avidement la viande cuite.

La possibilité de la cuisson de la viande des animaux a dû contribuer à libérer nos ancêtres du cannibalisme qui est évidemment le procédé le plus simple et d'ailleurs quelquefois pratiqué dans la série zoologique, de s'assurer sa provision de plasma spécifique. Relisez le tableau émouvant que Fabre a fait de la poursuite et de la capture du mâle de certaines Araignées, aussitôt après la pariade, par la femelle plus vigoureuse et qui ne saurait se procurer, à moins de risques, la substance spécifique dont elle aura besoin pour les œufs fécondés.

phagie incontestable chez certains animaux, mais elle porte sur d'autres tissus que la muqueuse intestinale : tels les Saumons partout cités (après Miescher) qui mettent en histolyse leurs masses musculaires pour la croissance de leurs glandes génitales. Telle encore la larve d'Alytes obstetricans, qui, d'après Pflüger, utilise les produits d'autophagie de sa queue pour servir à la croissance de ses quatre membres.

On peut encore rappeler à ce sujet les recherches d'Effront, qui a décrit l'autophagie ou autolyse portant sur les albuminoïdes de constitution chez les Levures : lorsque la proportion de sucre du milieu nutritif devient insuffisante, les cellules persistantes se nourrissent des plasmas des autres, en voie de désintégration.

Tel nous apparaît, dans la théorie présente, le mécanisme simple, économique, par triages successifs et étagés (choix physique de l'aliment, cuisson ou putréfaction, broyage mécanique, puis chimique, (moléculaire), sélection intestinale, sélection hépatique), de la sélection du P. S. dans l'ontogénie, ainsi que le réclame l'automatisme des phénomènes biologiques.

Nous constatons, du même coup, que, de toute nécessité, cette sélection ne peut pas être absolue, ni parfaite ; nous concevons ainsi, l'irruption progressive et inéluctable des plasmas hétérogènes du fait de l'alimentation, et comment, à la longue, suivant la forte et profonde parole de Metchnikoff, « nous vieillissons par le ventre ».

LE MILIEU COSMIQUE

37. *Corps simples vitaux et corps simples azoïques.* — Les corps vivants sont constitués de combinaisons moléculaires de corps simples qui sont tous abondants et parfois prépondérants soit dans l'atmosphère, soit dans la lithosphère : aucun d'eux n'appartient en propre à la Vie.

Mais d'autre part, bien qu'il n'y ait pas de proportionnalité constante entre l'importance pondérale d'un élément chimique de la croûte terrestre et sa présence dans la matière vivante, elle se manifeste néanmoins pour certains éléments (1). Ce qui est plus important que l'abondance pondérale, c'est *l'ubiquité* d'un élément : ainsi les 4 corps C, O, Az, H, sont ubiquistes à l'état gazeux (Az, Co^1), ou liquide ($H^2 O$) ; à condition que cette *ubiquité s'applique au point de rencontre, de coïncidence, de frottement de l'atmosphère mobile avec la lithosphère (surface immédiate du globe) où se passent exclusivement tous les phénomènes vitaux* (2).

1. La très grande abondance du Fer (4,7 % des roches) aboutit pour lui à une sorte d'ubiquité. Très aisément remis en mouvement, ce métal a sans cesse changé de place dans l'écorce : il fait partie de la « scorie universelle » (Daubrée) conjointement avec Al, Ca, Na, et aussi le Manganèse dont la teneur moyenne dans les roches est de 0,07 % (de Launay). Tous ces corps, sauf Al sont fondamentalement vitaux. Al se trouve à l'état de traces en quelques plantes. P qu'on croyait autrefois exclusivement vital se rencontre en quantité à l'état d'apatite certainement éruptive. L'azote seul manque dans les roches et n'existe que dans l'atmosphère.

2. Ainsi l'hydrogène presque pur qui formerait l'atmosphère au-dessus de 100 kil., le coronium au-dessus de 200 kil. (A. Wegener) sont azoïques

D'une façon générale, les métaux et métalloïdes les plus lourds sont toxiques (Ch. Richet) ou tout au moins azoïques. Par suite de leur densité et des lois de l'attraction, ils se trouvent en même temps plus rares dans la lithosphère que les métaux et les métalloïdes légers. On sait que le poids moyen du globe terrestre (5,5) indique un noyau où les corps, sinon lourds, du moins de poids assez élevé, sont prédominants : certains auteurs (Escard, De Lapparent), rapportent cette densité à la prépondérance du Fer. Il est intéressant de remarquer que la composition centésimale de la matière vivante s'éloigne assez notablement de ce que la corticalité terrestre aurait imposé comme formule brute, si on s'en tient à l'abondance pondérale des éléments (1). Il y a donc

bien qu'évidemment ubiquistes dans ces régions élevées ; l'helium qui émané incessamment des roches radifères (Moureu, Becquerel), traverse l'air, où on le retrouve dans l'infime proportion de 1/245.000 (W. Ramsay) pour s'exhaler vers les espaces interplanétaires, n'a que des affinités négatives ne permettant aucune combinaison de sa part.

1. Voici les chiffres donnés par F.-W. Clarke (*Bull. of the U. S. Geol. Survey.*, 1891-1897).

Pourcentage dans la croûte terrestre.

—

1) des corps vitaux.				2) des corps azoïques ou oligozoïques.	
O^3	47.07	C	0,20	Si	28.06
Fe^2	4.43	P	0,11	Al	7.90
Ca^2	3.44	S	0,11	Ti	0,40
Mg^2	2.40	Cl	0,07	Br	0,09
Na	2.43	Mn	0,07	Sr	0,03
K	2.45	Fl	0,02		
H	0,22				

On voit que l'ordre d'importance pondérale de ces corps simples ne correspond nullement à leur proportion dans la matière vivante.

eu, en gros, un choix, une « sélection » moléculaire, effectuée par la matière vivante aux dépens des molécules variées du milieu cosmique. La cause originelle de cette première sélection est inconnue. Faut-il la rattacher aux affinités du noyau carboné quadrivalent, et spécialement aux noyaux cycliques partout présents dans les tissus animaux et végétaux?

Mais nous allons voir un autre facteur intervenir qui va contribuer à préciser le sens dans lequel cette sélection est engagée.

Considérons en effet la composition centésimale moléculaire de l'océan, où comme on va le voir tous les corps mentionnés sont vitaux :

Proportion dans l'Océan

O^2	85.79	Na	1.14	Ca	0,05
H	10,67	Mg	0,14	K	0,04
Cl	2,07	S^2	0,09	Br	0,008
				C.	0,002

Proportion dans la matière vivante

Albumines		Chlorophylles	
O^2	23	O^2	10
H	7	H	9
C	52	C	73
Az	16	Az	5

Eau 64 % (Bischoff) pour l'analyse brute du corps des animaux. La composition de l'océan actuel se rapproche déjà de celle des plasmas bruts vivants· M. Quinton, dans un important travail, a cherché à démontrer, par de nombreuses et rigoureuses analyses, que le milieu vital des animaux est une émanation conservée et protégée à travers les âges de l'eau des océans primaires. Confirmation biochimique très actuelle de théories biogénétiques aussi anciennes que les philosophes ioniens.

Quoi qu'il en soit, il saute aux yeux, en comparant cette composition de l'océan avec celle de la lithosphère, que *l'existence de la nappe aquatique avec son pouvoir de solubilité presque universel a opéré une certaine sélection dans les corps simples de la lithosphère*, sélection dont la matière vivante a pu profiter à son origine, et dont elle profite sûrement à chaque instant pour l'entretien du cycle vital. Ainsi les quatre corps abiotiques qui représentent un tiers de l'ensemble de la croûte terrestre Si, Al, Ti, Sr, ne se retrouvent dans l'océan qu'en traces infinitésimales, au profit, bien entendu, des corps vitaux qui en prennent la place.

Ce qui s'est passé pour le calcium est très caractéristique : S. Meunier a montré qu'il existe, à travers les âges, c'est-à-dire au cours des déplacements océaniques, un transport et comme une circulation de la chaux, dont la quantité totale (0,05 %) est si minime, et ce, à la faveur de sa dissolution dans l'eau océanique chargée de CO_2. C'est le dégagement ou l'absorption alternants de ce gaz qui servent de régulateur à la proportion de chaux (rendue disponible alors pour la vie animale), dans un cube océanique donné (Schlœsing). C'est ainsi que sont décalcifiés les océans des premiers âges devenus terres fermes (Canada, Pays de Galles) réduits à des schistes et à des grès, au profit des assises plus récentes et des mers actuelles.

De Lapparent a bien mis en évidence l'ancienneté de certains de ces bouleversements, contemporains déjà de l'atmosphère primitive où l'eau des océans était encore à l'état de vapeur : « la masse des chlorures et sulfates actuellement connus est telle qu'elle aurait pu former au début une couche d'une centaine de mètres d'épaisseur, enveloppant la première écorce solide. De là, sans doute, un remaniement surtout chimique, mais en partie aussi, mécanique des éléments de la croûte à peine consolidée : ce remaniement s'effectuant dans un liquide mobile, l'action de la pesanteur y devait déterminer une stratification, dont il est possible que des traces aient existé déjà dans les premières plaques solides, en raison des efforts de tension qu'elles pouvaient avoir à supporter avant la prise en masse... Il semble donc admissible qu'il s'est fait une séparation plus ou moins complète des divers éléments, et cela de préférence suivant des amas lenticulaires allongés dans le sens horizontal. »

Ce sont les strates superficielles de cette croûte primitive qui ont été malaxées, mélangées, transportées par le mouvement de l'atmosphère liquide et gazeuse, favorisant ainsi la dissémination et l'interpénétration moléculaires.

38. *Les molécules originelles.* — La chimie des albumines est assez avancée pour établir que ces sub-

stances, communes à tous les êtres vivants, sont des associations en proportions diverses, d'acides aminés en nombre médiocre, quelques dizaines, mais suivant des types d'enchaînements très variés.

Nous savons bien que le quatuor C. — O — Az — H ne fait défaut à aucune molécule organisée, et que, sur notre globe, il ne se produit pas spontanément certaines substitutions fonctionnelles de corps simples que la chimie peut cependant prévoir : que Si ne vient pas remplacer C (comme Bastian le crut un moment, pensant avoir réussi à constituer du protoplasma à base de silicium) ; ni S^2 remplacer O^2 dans la composition des albumines naturelles (1).

Les milieux intérieurs des êtres vivants, et par suite, les cellules qui les habitent et y puisent leurs matériaux constitutifs, sans être, au point de vue qualitatif des microcosmes et des répétitions de la composition de la croûte terrestre, sont forcément une *émanation qualitative et quantitative approchée des molécules les plus répandues, les plus mobiles, les plus légères de ce milieu*, avec une prédilection tout à fait spéciale, et comme une prédestination, pour

---

1. Récemment MM. Berthelot et Gaudechon viennent de démontrer l'importance biochimique tout à fait hors pair, des affinités manifestées sous l'influence des rayons ultra-violets par CO, pour les premiers termes de chaque série des métalloïdes, lesquels premiers termes ont le poids moléculaire le moins élevé. CO se combine à Cl, non à Br, ni à I. ; à O. non à S ; à H^2 O, non à H^2S ; à NH^3, non à PH^3, ni à As H^3. Il y a là pour la matière vivante en organisation, une nécessité d'ordre chimique à s'engager dans de certaines combinaisons à l'exclusion d'autres ou de préférence à elles, qui n'a pas échappé aux auteurs de cette importante découverte.

C et pour Az en raison de leurs polyvalences et de leurs singulières affinités chimiques.

Il n'y a aucune probabilité que cette composition de la substance vivante reproduise la constitution moyenne d'une paléoatmosphère contemporaine des premières synthèses biogénétiques : mais cette composition elle-même représente néanmoins une certaine date de l'évolution du globe : la vie n'a jamais coïncidé avec l'hydrogène à l'état libre, et ce corps n'est absorbé et utilisé qu'à l'état d'eau ; et si Az uniquement atmosphérique, n'existe pas dans les roches et ne paraît pas utilisable à l'état gazeux, il en est autrement de l'oxygène sans la présence constante et indispensable de qui aucune réaction biologique passée, présente ou future ne saurait s'accomplir. Le rôle de l'atmosphère nous paraît ainsi prépondérant.

Prépondérant d'abord par sa constitution chimique O^i, Az, H^iO, CO^i, tous corps de première nécessité pour les organismes, mais aussi, et tout autant pour leur mobilité, aux températures actuellement régnantes à la surface et oscillant à peine entre 250° et 350° absolus.

Cette enveloppe gazeuse et liquide, soumise du fait de la rotation de l'astre et des marées solaires ou satellitaires, à des remous, des courants incessants, susceptibles d'attaquer l'écorce solide, doit imposer à la constitution moléculaire superficielle d'une planète comme la nôtre une caractéristique qui la différencie de celle d'un astre dépourvu d'atmosphère (par son insuffisance d'attraction massique ou pour

tout autre cause). L'érosion éolienne, fluviale et surtout océanique, promène ainsi pendant une durée
indéfinie, les molécules les plus diverses les unes
sur les autres, favorisant mécaniquement leur rencontre, leur « accrochage » et ce, toujours en présence des quatre corps gazeux susnommés.

39. *Sélection prozoïque.* — L'eau des océans con-
tient presque tous les corps simples en dissolution (y
compris par exemple l'or et l'argent) ; elle seule renferme l'iode en quantité appréciable, métalloïde qu'on
sait aujourd'hui si répandu à doses variables dans
les tissus vivants et si rare dans la lithosphère. Or
*l'action dissolvante et disséminatrice de l'océan n'a
fait défaut nulle part, à un moment ou à l'autre de la
vie du globe, puisque tous les continents sont des mers
émergées.* Voilà comment l'océan est, non seulement
l'origine probable des animaux marins et terrestres,
qui emportent avec eux un « aquarium » marin toujours bien garni, mais a contribué indirectement,
*par ses sédimentations multimoléculaires qui occupent
la surface entière du globe, à la nutrition végétale*
pourtant basée sur un autre type physico-chimique,
sans milieu intérieur salin, comme les animaux.

Cette *pulvérisation moléculaire superficielle* con-
traste donc avec ce qui se passe plus profondément,
où la masse centrale soumise à des pressions énormes
ne peut que mouvoir péniblement d'énormes filons
de métaux homogènes et plutôt de métaux lourds.
Cette constitution « filonienne », ces affleurements
d'énormes courants monométalliques solidifiés ou

cristallisés, peuvent donc caractériser la superficie essentiellement « abiotique » de toute planète dépourvue d'atmosphère.

Sur notre Globe, c'est dans cette zone de frottements moléculaires que la vie se déroule, se maintient et que vraisemblablement elle a pris naissance : partout où il se forme de l'ammoniaque, des carbures d'hydrogène, de ces groupes cyanés dont Pflüger a jadis montré la grande tendance à la polymérisation, il y a amorce de composés vitaux. Les molécules lourdes sont à la lettre « vannées » par les incessantes actions météoriques, les marées, les déplacement des océans : elles disparaissent de la surface vivante, et la Vie n'y rencontrera plus que des molécules légères dont elle fera son profit.

C'est ainsi que s'est opéré sur une planète comme la nôtre une *première et grossière sélection moléculaire* par la simple *action mécanique de l'atmosphère sur la lithosphère*, dont le résultat a été en quelque sorte de préparer son nid à la Vie.

40. *Sélection moléculaire paléozoïque ou protozoïque.* — Si on considère (avec Delage, Erslberg, Naegeli) les protozoaires comme habitants primitifs de la surface terrestre, on reconnaît que ceux-ci ont eu à leur façon une *action cosmique préparante* incomparable pour l'évolution ultérieure des formes vitales. On sait que les carapaces de Foraminifères et de Diatomées accumulées sur le fond des Océans y occupent des espaces immenses ; que ces océans viennent à leur tour à se dessécher et se soulever en continents

aériens, et ces débris si variés au point de vue moléculaire vont se trouver « à pied d'œuvre » pour entrer dans la composition de nouveaux plasmas. Ils favoriseront surtout l'essor du monde végétal où l'individu ne peut se déplacer à la recherche de l'aliment minéral : il faut, au végétal, un sol préparé moléculairement, et il n'a pu l'être, dans les horizons géologiques passés, où il plonge aujourd'hui ses racines, que par les infiniments petits, qu'ils aient appartenu au nekton ou au plankton des mers cambriennes, siluriennes et crétacées, mais nécessairement mobiles ou mobilisables puisque marins.

Toute la croûte terrestre a donc ainsi passé, et probablement à plusieurs reprises, à travers des organismes vivants multiples, d'âge en âge. Mais remarquons-le bien encore, ce travail préparatoire de dissémination moléculaire, conséquence de la vie, de l'organisation, puis de la mort, de la désorganisation, *ici ou ailleurs*, des animalcules microscopiques primordiaux, ce travail n'intéresse aussi que la lithosphère. Ce que leurs cadavres ont laissé d'assimilable, pour des plantes, par exemple, c'est, dans un même lieu, du K, Na, S, P, Fe, Ca, Mn, Cl, etc., en proportions variées, mais assez peu différentes d'un plasma à l'autre : au contraire, tout ce qui, dans leur organisme, était d'origine atmosphérique H^2O, CO^2, O^2, Az est retourné, sans laisser de vestige localisé, dans *le réservoir supérieur, mobile, inépuisabe et ubiquiste.*

Les premiers êtres vivants mobiles ont donc mobilisé et disséminé pour les suivants, les molécules de la lithosphère, qui, elles, ne sont pas mobiles. Ils ont continué et continuent encore cette œuvre d'aménagement de la planète : ils pratiquent à leur tour, rien que *parce qu'il ne meurent pas à l'endroit où ils ont vécu, une sélection des matériaux de la lithosphère, sélection déjà plus précise que celle que l'atmosphère liquide et gazeuse semble avoir inaugurée.*

Ainsi, après la sélection moléculaire prozoïque est-il permis d'ajouter cette sélection protozoïque ou paléozoïque.

41. *Biogénèse primitive.* — Les polyplastides mobiles supérieurs nous sont apparus tout à l'heure, avec leurs viscères étagés, enchevêtrés, solidaires par le sang, par les canaux, par les nerfs, comme une série de camps retranchés où des millions de microscopiques combattants qui ne savent que vivre en s'adaptant ou mourir, attendent, à leur poste plus ou moins abrité, le coup mortel de l'assaillant. Derrière eux, à la faveur de ce sacrifice quotidien, s'est lentement élaboré et conservé ce plasma qui se transmet en dépit des morts individuelles : ou pour parler en « mécaniste » ces organismes-là auront survécu dans la lutte pour l'existence, à qui de certaines dispositions anatomiques et physiologiques auront permis la conservation et le transfert de ce plasma spécifique.

Mais ce P. S., que nous soupçonnons à présent assez compliqué et surtout très strict dans sa constitution chez les animaux supérieurs, a commencé jadis, au cours des périodes géologiques évanouies, par être quelque chose de très simple. Infatigablement, depuis la fin de l'Ère azoïque, la Nature a jeté en nombre indéfini les coups de dés qui régissent les associations moléculaires originelles et engagent pour toujours, dans un certain sens, l'évolution d'une lignée vivante : et du reste, parmi les millions et millions de chances essayées, « Homo sapiens » n'est rien autre chose qu'une réussite.

C'est ainsi qu'on est amené à considérer la génèse du P. S. à l'origine de la Vie, c'est-à-dire chez les Protozoaires les plus inférieurs. Quand, placé devant le dilemne biogénétique, on a rejeté l'hypothèse créationiste, il ne reste plus qu'à admettre, comme postulat biologique initial, la génération spontanée, soit dans le passé, soit dans le présent, c'est-à-dire la possibilité pour les molécules organiques de s'agréger sous certaines formes et dans certaines conditions en une de ces « molécules géantes » (Pflüger) qui constituent la cellule. En dehors des récipients de laboratoire et des milieux artificiels où Pasteur a démontré jadis positivement qu'elle n'avait pas lieu, il reste que la généralisation des résultats de son expérience à ce qui a pu se passer et se passe encore en fait de réactions biochimiques sous le terreau tiède de la sylve tropicale, dans les remous du limon des deltas des grands fleuves, ou dans le sable composite des plages que la marée vient animer chaque jour, cette généralisation, dis-je, n'est nullement légitimée.

Mais alors, du moment qu'on a abandonné le dogme de la fixité des espèces, il n'y a plus de raison pour conserver et invoquer la notion d'espèce, de plasma spécifique à l'aurore de la Vie.

Il est tout à faire logique d'admettre, avec Delage, que l'invidualité est antérieure à la spécificité ; que la spécificité n'est constituée que des individualités fixées et conservées.

La Vie a donc commencé par des synthèses automatiques de plasmas individuels très simples, appelés pour la plupart à se dissoudre, à se dissocier presque aussitôt formés.

Mais, étant données les nécessités physico-chimiques de la composition de la croûte terrestre, ces combinaisons ne seront pas en nombre illimité, ou du moins devront se faire suivant certains types ou noyaux élémentaires, ayant certaines ressemblances constitutives, tels que les ont imaginé Erslberg et Naegeli pour leurs « plasmas primodiaux ». Ces grosses molécules elles-mêmes ou d'autres analogues seront connues un jour et feront l'objet d'une discipline scientifique considérable, intermédiaire entre « l'ultra-chimie » et l' «infra-biologie » et sans doute, si leur comportement nous était révélé, le mécanisme des phénomènes vitaux en serait singulièrement éclairci.

Quoi qu'il en soit, la similitude des albumines primitives, des protoplasmas phylétiques, a dû être au début plus accentuée qu'à présent, la différenciation et la complication chimique faisant dévier et canalisant dans une voie désormais unique, ou dans des voies à nombre limité, les accroissements moléculaires possibles. Si une molécule de benzol a tous ses carbones saturés sauf un, en position ortho, par exemple, tout radical monovalent, quelle que soit sa complication et son importance, qui viendra se fixer sur le radical cyclique sera en « ortho ». Par conséquent les chances d'attraction, de rencontre, « d'accrochage », réciproques, furent d'autant plus grandes que la molécule était moins complexe, c'est-à-dire qu'il doit exister des radicaux assez simples, communs non pas à tout un règne vivant, mais au moins à un embranchement et à ses grandes subdivisions.

Considérons à présent ces grosses molécules, ou micelles, ou môles, promenées incessamment par l'agitation liquide ou gazeuse de la surface du globe : admettons, comme seul postulat (nullement original du reste, puisque renouvelé de Maupertuis et de G. Saint-Hilaire, lois d'attraction des semblables) que celles de ces mollécules que le hasard fait voisines, *sont attirées l'une vers l'autre lorsque leurs ressemblances constitutives l'emportent sur leurs différences :* elles vont s'accoler, se fusionner ; cette coalescence augmente la solidité de fixation de ces molécules similaires, tandis que les molécules dissemblables sont rejetées à la périphérie et peut-être détachées, mais laissent des places vides, des « valences libres » aussitôt remplacées par d'autres molécules extérieures, émanées du milieu cosmique qui les amoncelle incessamment à la périphérie ; il peut arriver un moment où la masse des molécules qui se sont ainsi imposées par l'extérieur prédomine sur la masse des molécules similaires et font dès lors équilibre à la force de liaison, d'adhérence des deux môles initiales : il se produira donc deux champs de force en conflit, les môles similaires luttant pour l'adhérence, les masses hétérogènes pesant en sens inverse ; l'accroissement inévitable de ces dernières engendrera à un certain moment un état de répulsion qui sera définitif lorsque les molécules hétérogènes seront devenues complètement périphériques par rapport au noyau central de plasmas similaires.

La bipartition sera un fait accompli.

Ainsi, les deux micelles, un peu grossis, un peu divergents, un peu différents, mais pas trop, vont se trouver aptes à subir de nouvelles attractions, si le mouvement extérieur les amène à proximité de micelles à peu près semblables.

Ce type de bipartition tel que Wiesner l'accorde à ses « plasmas » est antérieur à la cytodiérèse vraie et à la sexualité : on la retrouve en effet sur des particules qui sont à la limite du monde vivant, les leucites des végétaux (chloroplastes, amyloplastes, leucoplastes, hydroleucites) mais elle reste douteuse, en ce qui concerne les « granula » des cellules animales.

Il ne faut pas se dissimuler que l'explication de la bipartition cellulaire, en dehors de la sexualité, est le problème le plus ardu de toute la biologie. Pourquoi une cellule se divise-t-elle habituellement en deux et non en trois ou en quatre parties ou cellules semblables ? On a seulement supposé ici qu'à l'origine des plasmas phylogéniques et des synthèses organiques automatiques, il y a infiniment plus de chances pour que se réalise la rencontre de deux môles à peu près semblables que la rencontre de trois ou de N môles à peu près semblables.

Ceci admis, les alternances de prépondérance et

d'infériorité massique des plasmas similaires et des plasmas hétérogènes suffisent à mettre en branle à l'infini ce rythme uniforme, depuis les obscures bipartitions des leucites ou des granules jusqu'au cytodiérèses les mieux caractérisées.

42. *Sélection du P. S. chez les Protozoaires.* — L'étude de certains protozoaires va nous fournir une illustration profitable de ce que la théorie a permis d'imaginer au paragraphe précédent.

C'est chez les Levures, si bien connues depuis les travaux de Hansen, que nous allons retrouver, sous d'autres noms et d'autres interprétations, les aptitudes et l'évolution qu'on vient d'attribuer aux molécules primordiales.

Dans le plus grand nombre de levures on n'observe aucune manifestation de la sexualité : le bourgeonnement est pour elles le mode caractéristique et habituel de la multiplication ; entendez que le bourgeonnement est une forme primitive, irrégulière et imparfaite de la cytodiérèse, car lorsque la sexualité apparaît chez les levures, ce qui arrive parfois, l'égalité des deux cellules filles est la règle. La copulation, lorsqu'elle existe, se produit entre levures sœurs et encore contiguës, c'est-à-dire provenant de la division d'une même levure (Schionning) ; cette autogamie est du reste signalée chez d'autres protozoaires.

Ici, il convient d'énoncer un principe d'ordre général et qui servira ultérieurement de guide : les protozoaires types sont constitués ou bien de P. N. F. hétérogènes, surabondants par rapport aux plasmas spécifiques fixés — ou bien, chez eux, et cela revient au même, *ces P. N. F. enveloppent et recouvrent les P. S. de sorte que, s'ils restent toute leur existence à l'état protozoaire, à l'état de répulsion réciproque permanente*, cela tient à cette constitution biochimique-là.

Inversement, les métazoaires sont composés de cellules où la masse des *P. N. F. étant moindre que celle des P. S. ceux-ci sont enveloppants, corticaux;* par conséquent, il y a, entre les *cellules ainsi constituées, attraction et adhérence réciproques ;* autrement dit, *dès que les Plasmas fixés deviennent prépondérents ils tendent à s'associer* ; ils forment un métazoaire ou une colonie végétale polycellulaire. Leur similitude chimique *tout au moins par leurs faces en contact*, est suffisante pour que l'association cellulaire soit permanente et stable (1).

Chez les polycellulaires, les plasmas non fixés, dont la masse désormais reste médiocre ou minime par rapport aux plasmas fixés, occupent à l'état normal

1. On voit de suite quelles importantes généralisations biologiques pourra légitimer un tel principe : la dislocation et la désagrégation épithéliales dans les néoplasmes malins, sont ainsi une nouvelle présomption de l'altération du P. S. de chaque élément, assez accentuée pour que la force d'adhérence mutuelle soit amoindrie ou supprimée : ainsi de même, les cellules des cultures de Carrel où les P. I sont évidemment prédominants, conservent leur mobilité et ne manifestent qu'une faible adhérence réciproque. Les observations histologiques de la greffe animale ordinaire montrent au contraire, quand elle doit réussir, une sorte d'attraction, d'aplatissement, d'accommodation réciproque des cellules en présence : dans le cas contraire, ces cellules restent convexes et sans adhérence. Cette attraction réciproque est très remarquable chez les blastomères aux premiers stades du développement : Roux l'a décrite comme un cytotropisme. Delage s'exprime de même. « Les cellules ne se soudent que si elles sont suffisamment semblables. »

une situation intérieure vis-à-vis de ces derniers : il se fait, comme on sait, parfois un mélange temporaire des deux dans la crise karyocinétique ; mais l'afflux et la surabondance habituelle des plasmas fixés rétablit bientôt l'équilibre en leur faveur.

Remarquons toutefois que cette position relative des deux plasmas chez les protozoaires, c'est-à-dire chez les cellules à vie libre par répulsion réciproque, n'a rien d'obligatoire et que tous les intermédiaires peuvent exister entre les types primitifs à plasmas individuels extérieurs et prédominants (levures, microbes), les types moyens à plasmas mélangés et équivalents, et des types supérieurs à plasma spécifique extérieur et prédominant (Infusoires dont le cytoplasme est à caractères extérieurs fixés, tranchés et vraiment spécifique).

Pour faire un des éléments du Métazoaire, *il faut* que les plasmas fixés soient prédominants et enveloppants, mais *cela ne suffit évidemment pas* et d'autres conditions secondaires doivent être remplies dont l'étude nous détournerait du sujet.

Revenons donc à nos levures, types simples de protozoaires à prédominance de plasmas non fixés. L'autogamie, c'est-à-dire la copulation de deux cellules sœurs se produit justement parce que, dans ce cas seulement, à ce moment précis, les ressemblances chimiques l'emportent sur les dissemblances ; autrement dit, les cellules de levure, éparses dans le bouillon nourricier, sont constituées de P. I. ou P. N. F. prédominants, assez distincts et divergents pour que la tendance à la copulation soit minima ; et lorsqu'elle se produit, c'est que ces plasmas ont *sûrement* une assez grande similitude (puisqu'ils proviennent de la segmentation d'une même cellule) ; *et par leur coalescence, ils confirment et consolident cette similitude* plasmatique ; par la répétition du procédé, cette ressemblance se maintiendra, s'accroîtra et gagnera en netteté ; ainsi s'ébauche chez ces Protozoaires, *du plasma spécifique aux dépens de ceux des plasmas individuels qui sont les moins dissemblables.*

Mais ce n'est pas tout. Que se passe-t-il après cette copulation fraternelle ou homoplastique ? Il survient un phénomène d'une importance capitale et d'une clarté démonstrative indiscutable : à l'intérieur de la nouvelle cellule ainsi constituée se différencient un certain nombre de corpuscules (2, 4 ou 8) appelés ici ascospores ; ces corpuscules vont plus tard se séparer, *persister dans le milieu cosmique, dans le bouillon nutritif, tandis que la masse des plasmas qui les entoure sera rejetée, dissoute et disparaîtra sans laisser de traces* (1).

Nulle part on ne saurait surprendre dans le champ du microscope, avec un plus haut degré d'évidence et de clarté, le mécanisme de la sélection du plasma spécifique (formation et conservation des ascospores)

---

1. On sait que la conjugaison totale isogamique des Protozoaires, où les noyaux et les plasmas se mêlent, est toujours suivie d'une réduction du volume de la cellule nouvelle par rapport aux deux gamètes conjugués (Delage). On y peut voir également une sélection plasmatique ou encore, suivant l'ingénieuse comparaison de Van Rees, une absorption et digestion réciproques : chaque partenaire conserve de sa substance ce qui est fixable : le reste est expulsé plus ou moins visiblement.

avec abstraction et rejet des P. I. qui en est l'inévitable contre-partie. La copulation ne permettant parmi tant d'individus hétérogènes, que l'addition des plasmas les moins dissemblables, détermine aussi leur fixation réciproque si elle est chimiquement possible.

Nous assistons là à l'aurore des Plasmas spécifiques (1). Des asques, c'est-à-dire du P. S. peuvent parfois se former par synthèse directe, autonome, sans copulation, comme on l'a observé dans « Schwanniomyces occidentalis ». Guillermond a montré d'ailleurs qu'il existe divers intermédiaires entre les levures obligatoirement et les levures exceptionnellement sexuées ; dans certains types, une fraction seulement, un quart des levures étudiées forment des asques, *toutes les autres sont appelées à dégénérer. Ces dernières n'ont donc pas réussi à acquérir dans leur courte vie individuelle, quelque noyau visible de plasmas fixés.* Hansen a noté que les ascospores vieillies perdent de plus en plus leur tendance à se fusionner et germent isolément. Il s'agit d'une conséquence de l'accumulation sénile des P. I. dont une analyse de Duclaux a fourni une démonstration numérique assez expressive : sur des globules de levure âgés de

---

1. On peut voir une preuve indirecte qu'il s'agit bien, dans la sporulation, d'une sélection substantielle, dans cette observation de Hansen, que les limites thermiques de cette fonction sont assez étroites et constamment comprises entre celles qui favorisent le bourgeonnement et la vie végétative : c'est-à-dire que leur maximum n'est pas si élevé, et leur minimum n'est pas si bas. Il s'agit là de températures critiques qui constituent des *caractères spécifiques stables,* fort utiles pour la systématisation de protozoaires dont la morphologie est si peu précise.

15 ans, la proportion des graisses y atteint 20 à 50 °/₀ au lieu de 5 °/₀ chez les jeunes et la quantité d'azote est quadruplée.

La sporulation a sensiblement chez les bactéries la même signification que chez les levures : la naissance des asques. Là le protoplasma s'appauvrit à mesure que le spore grossit, et c'est dans les vieilles cultures aussi que l'on voit les morphologies les plus éloignées de la forme type (en poire, en massue, en raquette, formes ramifiées) ; c'est-à-dire que le polymorphisme marche de pair avec l'âge, avec les probabilités d'accroissement des plasmas individuels.

Seule une telle interprétation peut mettre d'accord les opinions adverses de Naegeli niant la notion d'espèce et de Cohn en exagérant la stabilité, dans ce règne, dont l'histoire biologique est si attachante, des Protistes.

43. *La sélection du Plasma spécifique chez les Animaux supérieurs.* — Chez eux, comme les chapitres précédents l'ont fait prévoir, c'est l'apparition, l'existence et le perfectionnement de la sexualité qui en constitue le mécanisme unique et suffisant.

Revenons un instant sur la signification des glandes sexuelles et leur situation par rapport aux autres tissus du soma total. Ces glandes n'ont en effet pas besoin d'être considérées, ainsi que la théorie weissmanienne y inclinait les biologistes, comme des appareils à part, réservés en quelque sorte providentiellement pour la perpétuité de l'espèce. Il est temps de les descendre de ce pinacle.

Les glandes génitales sont des glandes comme les autres, formées de cellules épithéliales, conservant les fonctions et l'évolution de tout épithélium avec seulement les deux restrictions ci-après :

1° Ces glandes sont les plus tardives à entrer en fonction dans l'ontogénie. Bien que très précoces comme apparition à l'état de tissu différencié, elles ne commencent à manifester leurs aptitudes glandulaires qu'*après une assez longue période de vie individuelle* (puberté par exemple), alors que les autres glandes sont entrées en fonction depuis déjà longtemps, certaines dès la vie embryonnaire. Il y a là une forte présomption pour que leur raison d'être, leur spécialisation soit en rapport avec *l'acquisition, puis le triage des plasmas individuels* : toutefois ce fonctionnement tardif ne prouve évidemment rien en ce qui concerne le plasma spécifique, qui lui, reste naturellement aussi important et de même nature, même signification chez le jeune que chez l'adulte.

2° Ces glandes élaborent des substances d'une constitution chimique beaucoup plus compliquée que les excreta d'aucune des autres, même de la constitution la plus compliquée qui se peut imaginer.

Et ce caractère s'accorde avec le précédent et le commande en une certaine mesure chez les animaux supérieurs : l'élaboration d'une sécrétion à structure moléculaire très compliquée étant logiquement plus laborieuse, plus lente, plus tardive que celle des sécrétions banales ordinaires dont les produits sont constamment de la matière organique dégradée ou en voie de dégradation (1).

On a vu en effet que les polyplastides mobiles s'emploient toute leur existence au triage, au rejet, à l'expulsion des plasmas non fixés : parmi ceux-ci, la grande majorité (secrétions et excrétions ordinaires de toute nature), représentent purement et simplement *des plasmas non fixés et non fixables* : la sécrétion des gamètes, elle, a ceci de particulier qu'elle représente bien aussi pour une part des plasmas non fixés, mais pour une autre, dont la proportion, si minime qu'on l'admette est d'une importance sans égale, *des plasmas éventuellement fixables.*

Ainsi le plasma germinatif est ce qu'il peut : il se tient à l'extrémité d'une série dont l'autre bout est occupé par des substances aussi simples que de l'anhydride carbonique ou de l'urée. Ces conclusions ne s'appliquent évidemment qu'au gamète mâle, surtout des types (3) et (4), et c'est ici que la sexualité dans l'ensemble du monde vivant apparaît avec son vrai caractère de conséquence de la division du travail :

1. Ces produits de dégradation de la matière vivante sont en partie connus, en partis inconnus (indosé urinaire, etc.), mais tous simplifiés par rapport au spermatozoïde ou à l'ovule : l'épithélium pulmonaire excrète CO_2 et quelques amines volatils ; le rein une solution de sels, d'urée et des produits de dissolution ultime des albumines ; les glandes digestives des enzymes diverses, molécules encore volumineuses ; le foie, les sels et acides biliaires, à constitution à peu près connue aujourd'hui, produits de désintégration des hémoglobines ; les glandes sébacées, mammaires, des fragments protéiques, des savons et des acides gras. On saisit donc la gradation depuis les molécules les plus simples, les plus infimes de la chimie organique jusqu'à cet amas moléculaire si complexe et si volumineux, qui reste vivant, et qui constitue par exemple un spermatozoïde au moment de son expulsion à l'extérieur.

il y a 2 sexes parce qu'il y a 2 plasmas; et s'il semble exister parfois un troisième sexe (neutres des hymenoptères) nous sommes sûrs qu'il n'intervient pas dans les lignées phylétiques et n'a rien à y faire.

La femelle est donc le porteur sinon exclusif, du moins prépondérant, et peut-être exclusif dans certains types, du plasma spécifique qui a enrobé progressivement le gamète femelle devant les strictures de la filière génitale histologique.

Et si ce plasma est accumulé en elle ce n'est pas nécessairement, ni toujours *pour* nourrir les jeunes : le mâle peut tenir le rôle nourricier, tout aussi bien, à l'occasion, comme le prouve l'exemple du Crapaud accoucheur et de quelques autres batraciens de même famille (1).

Bien plus, certaines expériences de M. Delage montrent que la raison profonde de l'attraction sexuelle est d'ordre cytologique et même cytochimique, car elle s'exerce dans sa plénitude *vis à vis du cytoplasme privé de noyau*. Le spermatozoïde, en effet, comme tout noyau, est, en gros, adapté, ou chimiquement engrené et articulé avec un cytoplasme spécifique donné, et ce cytoplasme à lui seul suffit à l'attirer.

44. *Fécondation extérieure ou intérieure ?* — Voilà pourquoi la recherche de la femelle pour un accouplement effectif est loin d'être universelle dans le

---

1. « Rhinoderma Darwini » mâle, garde et nourrit les œufs jusqu'à développement total dans son sac vocal transformé en une sorte d'utérus (G.-A. Boulenger).

monde vivant : à l'origine peut-être, et sûrement chez un grand nombre d'animaux marins de l'époque actuelle, l'expulsion des gamètes, aussi bien mâles que femelles, est une simple excrétion au hasard des possibilités de leurs rencontres ultérieures (très nombreuses par exemple chez les poissons qui rejettent les œufs par centaines de mille). Mais *cette expulsion a lieu dans le milieu liquide ambiant, pour tous sinon rigoureusement isotonique, du moins non nocif, pour beaucoup même nourricier* (1). Il s'agit bien d'une excrétion glandulaire où la recherche du soma du partenaire femelle est nulle ou insignifiante : mais on conçoit qu'une telle dissémination des gamètes dans le milieu cosmique aérien les exposerait à la dessication et à la mort et interromprait sûrement, en ce qui concerne le germe femelle, *la continuité matérielle indispensable du plasma spécifique* d'une lignée à l'autre. Aussi, chez les animaux aériens (2) voyons-nous intervenir la pariade effective, même si les œufs vierges sont rejetés dans le milieu cosmique, et au plus tard à ce moment-là (Batraciens).

1. D'une façon générale la nutrition de beaucoup de petits animaux marins ou d'eau douce se fait partiellement par absorption diffuse de substances dissoutes. Pütter (1909) a réussi à le démontrer pour un Gobius resté plus d'un an sans nourriture, M. Wolff pour des Cladocères. Un tel milieu liquide ne saurait être nocif pour les éléments génitaux des animaux qui y sont plongés.

2. On sait que les Gastéropodes marins n'ont pas de pénis alors que les Gastéropodes terrestres ont une armure génitale mâle très développée : c'est que l'eau de mer est certainement moins nocive pour les zoospermes de ces mollusques que la dessication qui les menacerait si la fécondation ne s'accomplissait à l'intérieur de la femelle.

C'est alors la rencontre avec le gamète mâle qui les « sauve de la mort », comme dit Loeb.

L'accouplement avec intromission est encore bien plus nécessaire lorsque les œufs sont, comme chez les mammifères, retenus très tard dans le soma maternel, dans lequel, du reste, les zoospermes rencontrent des conditions sinon nourricières, du moins conservatrices, qui leur permettront d'attendre, sans perdre leur valeur, l'heure propice de l'amphimixie cytologique.

Il peut enfin se rencontrer des types vivants dans des milieux tels que *l'expulsion des gamètes si elle se produisait, les mettrait en contact, en conflit avec des albumines étrangères*, par définition toxiques pour eux : c'est le cas des vers endoparasites lorsque la reproduction s'effectue à l'intérieur du même hôte : ces parasites se gardent bien d'excréter leurs gamètes dans le milieu circulant vivant qui est leur habitat, à la façon des poissons dans l'Océan : bien au contraire nul animal n'est mieux armé que ces vers si dégradés (Tænia, Trichine, Strongle, Ascaris, Oxyures) au point de vue de la sécurité de la copulation interne : vagin profond, pénis volumineux et spicules fixateurs divers assurent un passage hermétiquement clos aux spermatozoïdes excrétés.

Il ne faut pas oublier, à ce point de vue, les armures génitales si compliquées des insectes, particulièrement des coléoptères dont le développement correspond à une sorte d'apogée de la vie aérienne dans la série animale et où, par conséquent, les « précautions » (pour employer un terme finaliste aussi commode qu'inexact) *contre la dessication des gamètes excrétés* doivent être multipliées.

Fabre a bien montré que c'est là la signification des soins et des travaux si minutieux de certaines femelles de scarabées après la ponte, en particulier l'enrobement de l'œuf dans le fumier humide.

CHAPITRE VII

Le Bloc trinitaire originel

45. *La transmission héréditaire des plasmas et caractères.* — Les démonstrations des chapitres précédents étant acquises, il devient aisé d'expliquer avec simplicité le mécanisme de la transmission des

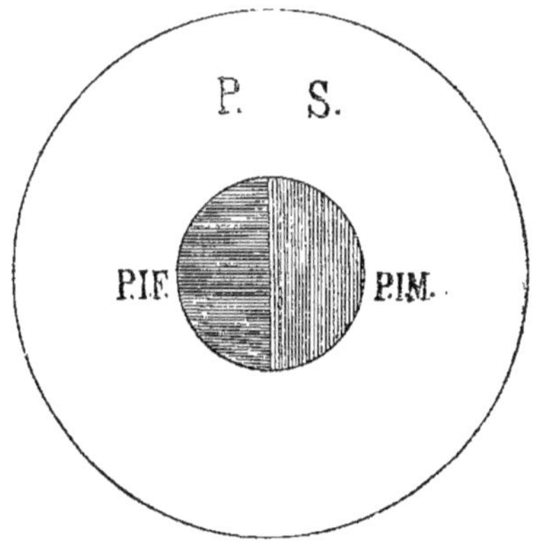

Fig. 3.

caractères, en se rapportant à la constitution de l'œuf fécondé.

A l'origine de toute embryogénèse, il y a un œuf fécondé (on n'envisage dans le paragraphe présent que les êtres vivants soumis à la règle très générale de la reproduction sexuelle). C'est un bloc protoplasmique constitué d'une grosse masse de P. S. enveloppant les deux demi-noyaux « homodynames » mâle et femelle, autrement dit, un bloc des plasmas non fixés de la femelle P. I. F. étroitement unis désormais à un bloc des plasmas non fixés du mâle P. I. M. L'amphimixie cytologique ainsi accomplie est par excellence un phénomène biologique irréversible : l'embryogénèse est engagée dans un certain sens et aucune dissociation de ce bloc ne se produira plus du vivant du nouvel être.

Cet ensemble physicochimique, matériel et dynamique, agglomérant une grosse masse de Plasmas *fixés durant toute la vie de l'Espèce et de l'Individu*, avec deux petites masses de plasmas *non fixés durant la vie de l'Espèce*, mais *désormais fixés pour la vie de l'Individu*, cet ensemble constitue le *Bloc Trinitaire originel*.

Or, par plasmas non fixés, il faut entendre trois sortes de plasmas, correspondant à trois sortes de caractères dont ils sont véhicules ; nous disons trois pour la facilité de la discussion, car il existe entre eux d'innombrables intermédiaires : ce sont, par ordre d'ancienneté d'acquisition les Plasmas Raciaux, les Plasmas ataviques et enfin les Plasmas individuels des Géniteurs immédiats. P. R. (P. R. F., P. R. M.), P. At. (P. At. F., P. At. M.), P. I. (P. I. F, P. I. M.).

Imaginons à présent la façon dont ces plasmas, masses malléables et modelables, d'un certain volume et d'une certaine forme, sont placés réciproquement : nous allons voir que la disposition la plus logique et la plus vraisemblable, cadrant d'ailleurs avec les apparences des phases de la karyokinèse, fait disparaître toute difficulté d'explication des phénomènes de l'hérédité.

Considérons le moment où le spermatozoïde ayant pénétré dans l'ovule par un point quelconque et par le plus court chemin a joint la chromatine femelle : il se produit aussitôt une *accommodation, une articula'ion réciproques des P. N. F.* de même origine,

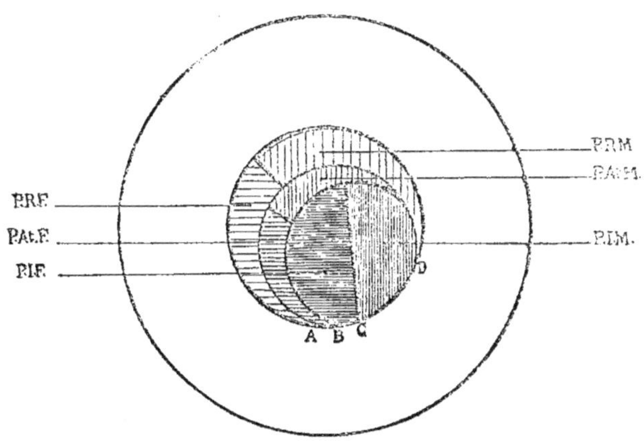

Fig. 4

même valeur, même ancienneté, du mâle et de la femelle, et enfin *un certain mode de fixation entre eux et avec le bloc spécifique principal dans lequel ils sont inclus.*

Ces adhérences réciproques donnent à la coupe une infinité de figures réalisables, dont celle-ci est un type possible entre millions et milliards.

On voit ici les deux chromatines accolées (et en voie d'accommodation). Il y a eu malaxation réciproque des plasmas et glissement des plans l'un sur l'autre : il y a eu « action » mécanique, pondérale, dynamique, si petite qu'on l'admette, mais réelle, due à l'entrée, à la poussée, à la mise en place de la chromatine mâle, et « réaction » de la part de la chromatine femelle.

Puis repos et *fixation à cet état*.

En accordant à ces plasmas différents de minimes différences de miscibilité, de densité, de mobilité, on arrive en effet à se les imaginer sous la forme de calottes emboîtées, les plus anciennes refoulées vers le P. S. ambiant (étant enveloppantes par rapport aux autres) ; les plus récentes groupées en un sphéroïde qui entre en contact par quelque point de sa surface avec le P. S. cortical.

C'est l'emboîtement des plasmas, succédant à la vieille doctrine de l'emboîtement des germes, mais, ainsi qu'on verra, autrement fécond comme valeur explicative.

Ce qui est important en effet, au point de vue de la part proportionnelle des caractères raciaux, ataviques, paternels et maternels, c'est dans le schéma, comme dans la réalité, *l'étendue de la surface de contact puis de fixation, de chacun de ces blocs plasmatiques, avec l'enveloppe de plasmas fixés*, et l'adhérence consécutive de l'ensemble en un bloc ou peloton insécable, mais néanmoins déroulable à l'occasion. Considérez ici la grande surface de contact des P. R., leur étalement en une vaste calotte enveloppante, s'adaptant étroitement à la surface concave correspondante du bloc des P. S. De même, de tous les caractères non fixés, ce sont ceux-là les plus nombreux et les plus constants comme apparition : ce qui correspond bien à la prépondérance de leur surface de fixation au bloc principal.

Après eux, comme fréquence viennent les caractères paternels et maternels, qui ici entrent en contact avec le bloc spécifique en BC sur une petite étendue (les P. 1. F.), en CD sur une étendue quatre ou cinq fois supérieure (les P. I. M.), ce qui entraînera pour le rejeton une prédominance proportionnelle des ressemblances paternelles.

Enfin, en dernier lieu, et rarement, au point que ce sont souvent d'énigmatiques curiosités biologiques, les caractères ataviques pourront surgir, et *presque constamment se rattacheront à l'un des côtés ancestraux à l'exclusion de l'autre*, fait d'observation banale dans les familles. Ces caractères seront manifestés et en petit nombre, lorsque le rebord de la calotte intercalaire qui en est support, comprimée entre les deux plasmas précédents, viendra effleurer quelque part le bloc spécifique et y adhérer par quelques points forcément très limités : ici, il s'agira de caractères ataviques de l'ascendance maternelle, et en petit nombre, correspondant à la minime adhérence de la calotte P. At. F. en AB.

Il est facile de concevoir qu'en faisant varier les uns par rapport aux autres ces plans plasmatiques successifs emboîtés (il y en a en réalité non pas 3, mais des milliers) comme cela arrive forcément à la suite du choc, de la rencontre et de l'entrelacement des deux masses de P. N. F.; et en les fixant aussitôt dans un stade de contacts, de superpositions et d'adhérences définitifs, comme à un signal, à un « rien ne va plus ! » de ce jeu de l'Amour et du Hasard qui va déterminer les devenirs de toute une vie somatique nouvelle ; en faisant ces deux opérations successives, on arrive à une vision lucide des possibilités les plus délicates de la transmission des caractères, du nombre immense de ces caractères et de leurs nuances infinies si on attribue une valeur numérique à chaque point de contact réciproque des plasmas susnommés.

Le point de pénétration du spermatozoïde dans

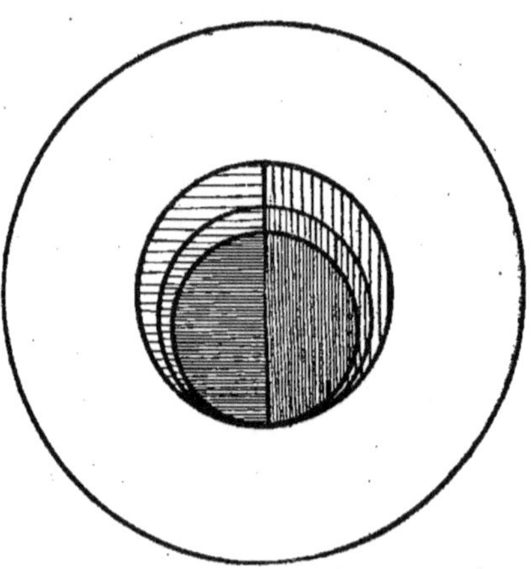

Fig. 5

l'ovule et l'état moléculaire dans lequel il « surprend » et fixe les plasmas femelles quiescents, non sans les avoir heurtés et dérangés, a la plus haute importance pour l'emboîtement définitif des calottes plasmatiques. Ainsi s'explique-t-on que le type d'œuf ci-contre où les plasmas des deux sexes sont parfaitement symétriques et homodynames et présentent des points et des surfaces d'adhérence équivalents, que ce type-là soit d'une excessive rareté. Nous verrons plus loin de quel phénomène biologique il est l'explication (Fig. 5).

Enfin, on se représente aussi bien qu'une partie très importante de la masse des plasmas soit bien effectivement transmise, *mais ne se traduise dynamiquement par aucun caractère, puisqu'elle n'est pas intéressée par la zone de fixation*, en langage histologique, parce que ces plasmas ne sont pas adhérents au filament chromatique. Ce sont des *plasmas défixés* momentanément, mais « fixables » à une amphimixie ultérieure, et par conséquent, pour l'individu dont cet ovule fécondé est l'origine, ils sont véhicules de caractères latents.

Ainsi peut se résoudre la célèbre antinomie apparente d'un géniteur transmettant à sa descendance des caractères dont il n'est pas porteur.

Les plasmas raciaux, ataviques et individuels parentaux ainsi fixés une fois le restent toute la vie de l'individu à travers les cytodiérèses amphixiques qui le constituent, et dont on a étudié plus haut la mécanique morphogénétique. Mais dans les gamètes issus de ce nouvel individu, il en ira autrement : alors ils se « défixeront » (en particulier dans les cinèses de maturation des spz. et des ovules); de *sorte que l'architecture, la texture et les rapports réciproques des plasmas non fixés sont remis en question* à chaque nouvelle amphimixie, comme ils le sont à chaque cytodiérèse amphimixique ; mais dans ce dernier cas leurs rapports réciproques se rétablissent, comme on verra, sous l'action même de la mécanique karyocinétique.

Enfin dans le groupe des P. N. F. les adhérences du bloc racial paraissent les plus solides, les plus anciennes et les plus constantes : elles doivent reprendre leur place automatiquement, et avant les autres plus récentes et d'adaptation plus précaire, se renforçant quand les conjoints sont de même race, se mélangeant suivant toutes les gradations connues du métissage, dans le cas contraire.

46. *Transmission du sexe.* — Parmi les caractères transmis, il en est un qui a exercé longtemps la sagacité des faiseurs de système : c'est la transmission du sexe et des caractères sexuels secondaires. Ceux-ci, comme tous caractères, sont de quatre origines plasmatiques possibles et combinées P. S., P. R., P. At., P. l.

Comment donc se détermine le sexe ?

Le pourcentage assez rigoureusement égal des sexes chez les animaux supérieurs (Homme 104, Femme 100) montre qu'il s'agit d'un mécanisme très délicat. C'est le choc amphimixique qui doit déterminer le sexe du rejeton, par effleurement de ce trébuchet infinitésimal et si sensible que sont les masses en présence.

Je m'explique. Considérons la figure 6, ovule fécondé, l'amphimixie accomplie. Les plasmas M. et F. sont accolés, accommodés et fixés dans cette accommodation : mais cette figure 6 est inexacte. C'est un schéma. Elle n'indique pas qu'il n'y a en jeu que des substances plastiques, mobiles les unes sur les autres et soumises à des pressions réciproques excentriques et concentriques ; dans la réalité, les calottes plasmatiques des P. R. et des P. At. de chaque sexe ne sont pas au contact et coupées carrément, *mais amincies et chevauchantes à la façon des écailles d'un bulbe végétal* (fig. 7) et chevauchantes jusqu'à devenir, à l'occasion, enveloppantes.

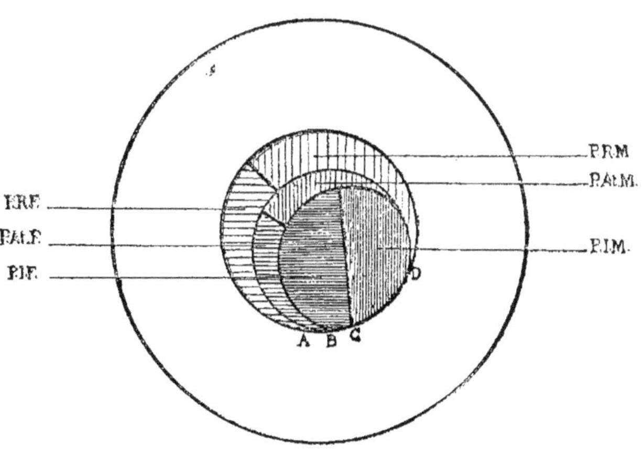

Fig. 6.

Au point de vue des adhérences totalisées, rien donc ne peut être équivalent dans les P. N. F. de chaque sexe : *il faut* que les P. R. M. chevauchent les P. R. F. ou inversement ; *il faut* que les P. At. M. chevauchent les P. At. F. ou inversement. Il n'y a pas de milieu pour des masses matérielles, plastiques, de cette forme ; il n'y a pas d'autre agencement possible.

De même il n'y a pas de milieu dans l'établissement de la sexualité. Le sexe est déterminé par celui des deux blocs des P. N. F. F. ou P. N. F. M. qui aura, dans la *totalisation des surfaces de ses plasmas cons-tituants, occupé la majorité des points de fixation avec le P. S.*, qui aura, à la lettre, « pris le dessus » sur les plasmas de l'autre.

Dans la figure 7 la plus grande surface d'adhérence

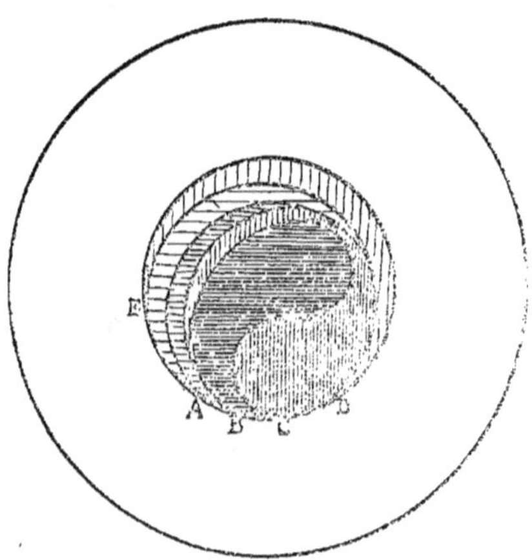

Fig. 7.

totalisée est CD + ED > EA + AB + BC. Ce pro-duit sera mâle. Le moindre glissement des calottes plasmatiques dans un sens ou dans l'autre agit sur la transmission des caractères ordinaires ; mais l'ac-commodation par plans plasmatiques qui détermine un sexe est quelque chose de primordial et irréversible

comme la pagination des feuillets d'un livre im-
primé.

De toute nécessité, l'enveloppement du bloc total
des P. N. F. est le fait des plus anciens et des plus
stables de ces P. N. F., c'est-à-dire des plasmas raciaux : de toute nécessité ensuite, l'une des deux
calottes, soit la P. R. M., soit la P. R. F. doit recou-
vrir l'autre et la déborder, puisque ces plasmas ne sont
pas miscibles ni fixés ; puis doit se fixer dans cette
position d'une façon définitive pour toutes les cytodiérèses ultérieures : donc, en dépit de l' « homodynamie » massique des Plasmas de chaque sexe, ce
mode de recouvrement, d'effacement des plasmas d'un
sexe par l'autre rend compte du déroulement ultérieur
automatique des dispositifs morphogénétiques exclu-
sifs au sexe du plasma enveloppant.

Mais, si par exception, ce recouvrement réciproque
aboutissait à l'égalité des zones de fixation pour les
plasmas des deux sexes, qu'en résulterait-il ? L'hermaphrodisme vrai, dans les espèces animales où il
existe, et dans les autres, dont l'espèce humaine,
toute la gamme des hermaphrodismes faux ou incom-
plets (Fig. 5).

La figure 8 peut expliquer une autre antinomie non
moins curieuse et si courante, du rejeton ressemblant
uniquement ou presque à un de ses géniteurs tout en
ayant le sexe de l'autre : ici, il s'agit d'une femelle
(sexe déterminée par DA + AB > BC + CD.)
n'ayant pourtant aucun des caractères individuels de
sa mère dont les P. I. n'ont pas de contact avec le
bloc spécifique, mais au contraire possédant un grand

nombre de caractères individuels paternels BC.

Telle est l'explication imposée par la théorie présente de la transmission certaine des trois types de plasmas de chaque sexe, et en même temps de l' « inhibition » de « l'interférence » non moins évidente des manifestations de quelques-uns d'entre eux dans la dynamique de l'embryogénèse.

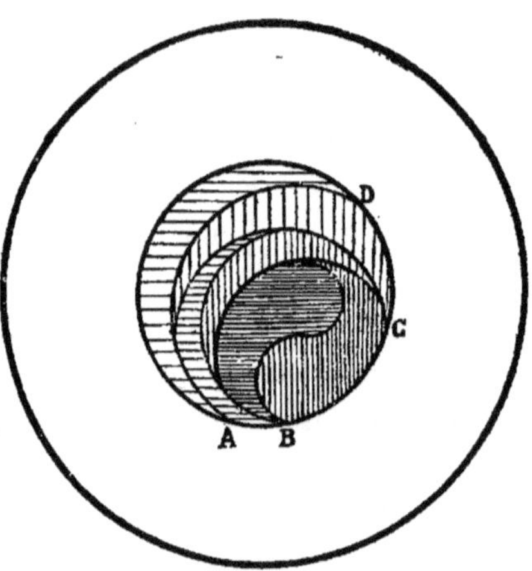

Fig. 8.

Il n'y a donc aucune nécessité d'apport additionnel d'une substance quelconque au bloc des P. N. F., et spécialement des P. I., à chaque génération ; mais nulle impossibilité du reste, à quelque apport substitutif ou additionnel, ou même quelque réduction substantielle tolérables à certains moments critiques de la vie spécifique (mutation, saltation). Ceci dit, pour montrer la différence avec la doctrine de l'emboîtement des germes qui, exigeant un accroissement substantiel à chaque génération, si minime soit-il, aboutit, par simple calcul, à donner aux gamètes de l'un et de l'autre sexe les plus invraisemblables dimensions.

47. *La Transmission des plasmas non fixés d'une génération à l'autre.* — Au point où nous en sommes, on se représente parfaitement dans le modelage du rejeton la part morphogénétique du P. S. non seulement transmis, mais continué ; on conçoit non moins clairement la transmission des P. I. M. et des P. I. F. et leur intervention si souvent inégale dans les caractères manifestés ; reste à expliquer celle des P. N. F. en général et spécialement des P. R. et des P. At. Cette explication ne pouvait être fournie qu'à présent.

Comment se conservent et s'entretiennent à travers les lignées cellulaires de l'embryogénèse et de la croissance somatique ces dispositions si curieuses et si nécessaires pour la connaissance de l'Hérédité, du bloc trinitaire originel ?

Le mécanisme de cette transmission, notre œil le saisit sous le microscope : c'est la plus énigmatique et la plus attirante de toutes les images que la cytologie nous ait jamais fournies : ce sont les phases de la karyokinèse.

Toute la précision des phases successives de la karyokinèse tend au maintien dans les cellules filles de l'accommodation et du mode de fixation entre eux et avec le P. S. ambiant, de la masse des P. N. F. tel qu'ils se sont une fois disposés lors de l'amphimixi originelle : le P. S. étant, comme on sait, ou d'origine maternelle ou de synthèse digestive actuelle, et les P. N. F. se reconstituant approximativement, en substance et en mode de fixation, en forme et en matière, à chaque cytodiérèse nouvelle, jusqu'à la fin des cytodiérèses amphimixiques.

Dans le partage longitudinal égal des filaments chromatiques, la karyokinèse tend au maintien, à travers les cytodiérèses successives, des adhérences et fixations primitivement établies entre leurs plasmas constituants, dans l'œuf fécondé.

La karyokinèse est donc conséquence de la sexualité : elle garantit l'homodynamie des plasmas non fixés, laquelle persiste en effet à peu près dans toutes les cellules somatiques, et spécialement dans les cellules mères des ovules et des spermatozoïdes.

Les histologistes et botanistes qui ont les premiers observé et figuré les évolutions du peloton chromatique, et le dédoublement longitudinal des anses, n'ont pas manqué d'attribuer à ces apparences microscopiques une certaine relation avec la transmission dans le soma des caractères héréditaires. Mais il restait à faire la part de chaque plasma dans cette transmission, ce à quoi la théorie présente se prête sans difficulté.

CHAPITRE VIII

Une définition de la vie

On a cherché à mettre en évidence, tout le long de ce mémoire, la nécessité d'établir sur de nouvelles bases les rapports de l'individu avec l'espèce.

A lire maint ouvrage de biologie, on y retrouve, plus ou moins latente, plus ou moins avouée, la croyance à quelque mécanisme conservateur de l'espèce, alors que personne ne réclame rien de pareil pour l'individu, par définition mortel. Il y a là une antinomie qui doit faire réfléchir.

Weissmann n'a pas hésité, devant cette difficulté à faire appel à son plasma germinatif immortel, concept purement métaphysique, car, avec ce qu'on sait des nécessités de la nutrition, il est positivement insoutenable qu'au bout d'un certain nombre de générations, une parcelle, si minime qu'elle soit, de la même substance matérielle soit effectivement conservée et transmise.

Non, la fécondation et l'amphimixie n'ont pas pour objet, ni pour résultat, constant et impérieux, la conservation de l'espèce actuelle. Dans toute espèce actuellement vivante, il y a une espèce en gestation, en préparation, successeur possible de son aînée sur la planète : de même tout individu porte en germe son successeur dans le Temps, un peu différent de lui et pourtant très semblable à lui.

Ces types vivants qui seront adaptées aux conditions cosmiques futures, sont en train de s'ébaucher obscurément d'ici, de là, à travers les cellules somatiques des individus présentement vivants. L'adaptation au milieu est bien, pour les phylums indéfiniment ramifiés et prolongés, la loi fondamentale dont Lamarck a proclamé l'universalité, mais c'est une *adaptation à deux degrés*. Aussi ne paraît-elle pas, dans les détails, constamment adéquate à son « but », tel que l'esprit humain s'est cru en mesure de le définir pour chaque type vivant. Pour certain, pour beaucoup d'entre eux, à vie facile et à pullulation surabondante, on n'a pas l'impression que leur plasma spécifique soit quelque chose de précieux et de jalousement protégé : l'espèce dure, oui, mais pas plus que l'individu, elle ne dure pas pour elle-même : car à partir de certaine crise elle ne doit continuer à vivre qu'à condition de n'être plus elle-même. Ce qui semble précieux, c'est seulement, au sens large du mot, la continuité de la Vie, quelle que soit la Figure du Porteur du Flambeau.

L'adaptation cellulaire est parfaite et exacte ; c'est-à-dire que la cellule, au repos, est rigoureusement et précisément adaptée au milieu chimique extérieur à elle. L'adaptation somatique, elle, est évidente dans certains types très évolués, très perfectionnés, au sens humain ; dans un grand nombre d'autres formes, cette adaptation au milieu est imparfaite ou nulle ; elle est ce qu'elle peut, telle que l'embryogénèse l'impose à l'adulte, comprise comme toujours entre deux « limites » : il y a, au point de vue adaptatif, tous intermédiaires entre la limace et l'hirondelle.

Certes, si l'animal produit est trop dépourvu de moyens de défense ou d'acquisition de l'aliment, la sélection naturelle va l'éliminer : celle-ci est un facteur dont il ne faut ni exagérer, ni nier la puissance ; elle ne crée rien ; elle intervient seulement à une extrémité de la série pour anéantir les types tout à fait inadaptés. Sélection, adaptation : ainsi avons-nous réussi à mettre Lamarck et Darwin d'accord.

La persistance de la Vie, sous toutes ses formes, seule importe : mais ce qui est immortel, ce qui est transmis à travers la série indéfinie des générations et des phylums, ce n'est pas seulement de la matière, laquelle est surabondante dans le milieu cosmique et dont la provision est toujours assurée en qualité et quantité par la synthèse digestive ; c'est surtout, comme l'ont dit Haeckel, His, c'est un mouvement, c'est une ondulation ; *c'est l'impulsion de la matière en organisation sur la matière déjà organisée.*

Telle est la définition de la Vie qui s'impose dans la théorie du Plasma spécifique.

*
* *

En résumé, que vient-on de suivre à la lecture des pages précédentes ? Ce qu'on vient de suivre pas à pas, c'est l'histoire d'un ruban de protoplasma, qui, tissé depuis l'origine de la Vie, depuis la fin de l'Ère azoïque et le refroidissement des Océans Primaires, plus ou moins élargi suivant l'importance numérique des représentants de l'Espèce, offre bien, de par la présence du sexe mâle et les accidents des existences individuelles, les minuscules interruptions d'une étoffe de fabrication humaine, sans que toutefois, ni sa continuité ni sa résistance soit le moins du monde entamée.

Il se déroule ainsi à travers les individus, les générations et les phylums, invisible à l'état de pureté, mais partout présent dans les organismes et conditionnellement immortel. Les océans se déplacent, les montagnes surgissent ou s'aplanissent, les glaces polaires avancent ou reculent, la face de la Terre se bouleverse, et ce fragile ruban continue de faire une ceinture au Globe. Malgré les massacres des individus et la disparition totale de tant d'espèces, les plasmas spécifiques subsistent à travers les ères géologiques, ici intacts et quasi-immuables, ailleurs ayant seulement souffert quelqu'une de ces additions, soustractions ou substitutions moléculaires imposées à la longue par les plasmas intérieurs non fixés vivaces et novateurs et qui sont la base biochimique d'une mutation ou saltation spécifiques. Ainsi, certains fils du ruban, arrachés par l'usage sont remplacés par d'autres ; ou bien encore il s'agit de quelques brins d'une couleur nouvelle qui viennent désormais franger le travail indéfini et infatigable de l'Eternelle Tisseuse.

A la Femelle, en effet, incombe, comme on l'a vu, la tâche auguste de maintenir la continuité du Plasma Spécifique d'une génération à l'autre : car si les accidents cosmiques l'interrompent quelque part, il y a des millions de corps vivants où la continuité de cette substance, identique chez tous, est assurée sans défaillance.

L'Espèce humaine n'échappe pas à cet égard à la condition générale des animaux et végétaux de tous ordres, pas plus qu'elle n'est à l'écart des lois mécaniques et physiques qui régissent toute matière vivante ou brute.

Pour être inconsciente, la sélection des plasmas humains se poursuit comme ailleurs, mais par des procédés parfois inattendus.

La Guerre est un de ceux-là.

Dans l'Humanité, l'existence de Races diverses a, de tous temps, causé d'âpres conflits pour la nourriture, le bien-être, la richesse, et même simplement pour la prépondérance d'un type racial sur l'autre : la Guerre garde donc, en dépit de ses carnages et à cause d'eux, la sombre majesté du mécanisme naturel le plus expéditif par lequel se réalise la *Sélection des Plasmas Raciaux*.

En tous temps et en tout pays, l'Art a représenté la Patrie sous les traits d'une Femme dans tout l'éclat de la force et de la jeunesse : c'est la Dépositaire de ce plasma sacré qui doit servir à modeler le type supérieur de Moralité, d'Intelligence, de Beauté de la Race en voie de fixation ; et c'est pour défendre et préserver ce dépôt infiniment précieux, résumé et résultat actuel de tant de vies ancestrales, humaines et préhumaines depuis l'origine du Monde, que les Hommes versent leurs sangs, mélange de plasmas individuels, spécifiques et même ultra-spécifiques circulants et non fixés...

TABLE DES MATIÈRES

CHAPITRE III

L'adaptation de la Cellule au Milieu

CHAPITRE IV

Les Courbes de l'ontogénèse

CHAPITRE V

Aperçu d'organogénèse. Les causes actuelles

CHAPITRE VI

Comment s'opère la sélection du plasma spécifique

CHAPITRE VII

Le Bloc trinitaire originel

CHAPITRE VIII

Une définition de la Vie

LA SÉLECTION

DU

PLASMA

SPÉCIFIQUE

Esquisse

d'une théorie

cytomécanique

et cytochimique

DE LA VIE

Par le Docteur Louis LEGRAND

Lauréat de l'Académie de Médecine

A. MALOINE ET FILS, ÉDITEURS

27, RUE DE L'ÉCOLE-DE-MÉDECINE, 27

PARIS 1916

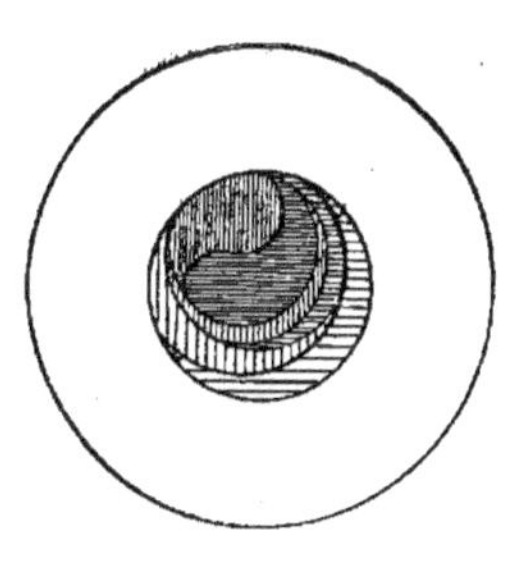